铼配合物发光性能的研究及应用

张婷婷　著

北　京
冶金工业出版社
2022

内 容 提 要

本书针对几种铼（Ⅰ）配合物发光性能和目前存在的问题，利用量子化学计算方法，从分子的微观电子结构出发，考虑溶剂化作用，深入剖析分子的基态、激发态、吸收与发射光谱的性质，从本质上揭示了几何结构与光电性质的关系，预测其应用在有机发光二极管（OLED）和染料敏化太阳能电池（DSSC）领域时的发光性能。研究成果为设计、合成发光性能更好的铼配合物新材料提供了新思路。

本书可供从事发光材料理论研究的相关人员使用，也可供化学专业、材料专业以及其他相关专业的大学生和研究生参考。

图书在版编目（CIP）数据

铼配合物发光性能的研究及应用/张婷婷著. —北京：冶金工业出版社，2020.11（2022.4 重印）

ISBN 978-7-5024-8659-4

Ⅰ.①铼… Ⅱ.①张… Ⅲ.①铼化合物—发光材料 Ⅳ.①TB34

中国版本图书馆 CIP 数据核字（2020）第 252311 号

铼配合物发光性能的研究及应用

出版发行	冶金工业出版社		电　　话	（010）64027926
地　　址	北京市东城区嵩祝院北巷 39 号		邮　　编	100009
网　　址	www.mip1953.com		电子信箱	service@mip1953.com

责任编辑　高　娜　美术编辑　彭子赫　版式设计　禹　蕊
责任校对　李　娜　责任印制　禹　蕊
北京富资园科技发展有限公司印刷
2020 年 11 月第 1 版，2022 年 4 月第 2 次印刷
710mm×1000mm　1/16；10.5 印张；205 千字；159 页
定价 65.00 元

投稿电话　（010）64027932　投稿信箱　tougao@cnmip.com.cn
营销中心电话　（010）64044283
冶金工业出版社天猫旗舰店　yjgycbs.tmall.com
（本书如有印装质量问题，本社营销中心负责退换）

前　言

　　铼配合物作为发光体，发光性能较好，因而在发光材料、光催化剂、光敏化材料等方面有广泛的应用前景。研究铼配合物的发光机制，从电子结构的角度分析配合物的发光性质，对新型发光材料的设计和开发，有十分重要的意义。另外，铼配合物还可以作为染料敏化太阳能电池中的染料分子。因此，研究铼配合物的电子结构和光谱性质是非常必要的。随着科技的发展，理论计算显示出其较高的精度和准确度，所以理论计算的发展将进一步推进发光材料的发展，为设计和合成新的具有高性能的材料和效率较高的染料太阳能电池提供了有力的指导。

　　本书利用计算手段对潜在具有丰富的光化学和光物理性质的几类铼配合物进行研究，讨论其结构与发光机制之间的内在关系，并对其在有机发光二极管（OLED）和染料敏化太阳能电池（DSSC）领域的应用进行探讨；以计算得到的真实分子的可靠信息为基础，通过理论研究，揭示该类配合物的本质特征，从而达到指导配合物的合成和实际应用的目的。

　　本书共分为8章：第1章主要介绍相关研究背景和理论方法；第2章主要介绍不同配体对铼配合物[ReX(CO)$_3$(N^N)]的光谱性质的影响；第3章主要介绍含邻菲罗啉配体的铼（Ⅰ）配合物的发光性质；第4章主要介绍含吡啶四唑配体的铼（Ⅰ）三羰基配合物的发光性能；第5章主要介绍含硫配体的铼（Ⅰ）三羰基配合物作为染料分子的性能；第6章主要介绍羧基位置和数目对铼（Ⅰ）三羰基配合物作为染料敏化剂性能的影响；第7章主要介绍不同官能团对含炔基铼（Ⅰ）配合物敏化特

性的调控作用；第 8 章是对本书内容的总结与展望。

　　本书是作者主持多项科研和教改项目研究成果的结晶，包括国家自然科学基金青年项目（21401120）、山西省研究生教育改革项目（2019JG126）、山西省高等学校教学改革创新项目（J2020122）、山西师范大学教学改革项目（2019JGXM-01）等，在此，衷心感谢国家自然科学基金委员会、山西省教育厅、山西师范大学在研究和出版方面给予的经费支持。本书在撰写过程中，得到了山西师范大学化学与材料科学学院、磁性分子与磁信息材料教育部重点实验室的贾建峰教授、任颖副教授等诸多老师的大力支持，另外魏佳、杨筱竹和韩慧玲同学也付出了很多努力，在此一并向他们表示感谢。

　　由于作者水平所限，书中难免存在疏漏之处，敬请同行专家和广大读者批评指正。

作　者

2020 年 5 月

目　录

1 绪 论

随着煤、石油等不可再生能源的日益减少和枯竭，能源消耗的不断增加，能源问题已经影响到人们生活的各个方面[1]。因此，开发新能源和新能源材料是全球众多科学家当前必须解决的重大课题之一。我国是一个人口众多、经济持续发展的国家，研究新能源及新能源材料，对我国的发展而言显得十分重要和迫切。

太阳能储量丰富，其总量属现今世界上可以开发的最大能源[1]，其没有地域的限制，不会污染环境，是最清洁的能源之一，这一点是极其宝贵的。目前太阳能的应用主要有热能和光能，例如利用科技手段将太阳光聚合，产生的巨大热量把水加热；通过设备供暖气使用，或者利用热水发电，或者利用热量来驱动斯特林发动机[2]；使用太阳能电池把太阳能转化为电能。但是，太阳能利用也有一些缺点，比如分散性、不稳定性等，受天气变化影响也比较明显，这给开发利用太阳能带来许多难题。有的在理论上是可行的，技术上也成熟，但是太阳能装置效率偏低，成本较高，因而经济性较常规能源低。近年来，随着染料太阳能电池的不断发展，其光电转换效率不断提高，预期在不久的将来，以太阳能为基础的能源技术和材料将会迎来更广阔的发展空间。

1.1 过渡金属配合物发光材料

1.1.1 发光材料简介

有机发光二极管（organic light emitting diode，OLED）是有机电子器件中最早问世的产品，也是近年来在发光材料方面发展较快的方向之一。自 1987 年 Tang 等人发表了有关 OLED 的论文以来，这一方向越来越受到科学界的广泛关注[3,4]。OLED 材料具有形体薄、重量轻、反应时间快、驱动电压低等优点，这些优点与器件采用的载流子传输材料、发光材料、电极材料以及器件的结构有紧密的关系。用于 OLED 器件的载流子传输材料包括空穴传输材料和电子传输材料，由于空穴和电子的相互作用形成激子辐射引起材料发射。发光材料根据激发方式的不同，可分为光致发光材料、电致发光材料、阴极射线致发光材料、热致发光材料和等离子发光材料；根据发光性质的不同，可分为荧光材料和磷光材料。随着科技的不断发展，OLED 在科学上已逐步向着更高、更深的层次发展，其商业产品也在不断提高和升级。

发光效率是衡量发光材料的重要指标，涉及能源消耗、环境和成本等问题。OLED 的基本原理与无机半导体发光二极管（LED）比较相似，都是通过两个电极分别注入空穴和电子，然后通过载流子的复合而发光。空穴和电子相遇形成的激子分为单重态和三重态。根据统计规律，自旋成对的单激子仅占全部激子的 25%，而三重态激子占 75%。常规的 OLED 发光效率比较低，是由于三重态激子的跃迁禁阻不能对发光有所贡献。如何克服这一限制，允许后者可通过跃迁而发射磷光成为提高 OLED 发光效率的一个重要方面。研究发现，重金属可以促进自旋和轨道耦合，提高系间窜越效率。然而，并不是所有的重原子都能有效地提升磷光的发光效率，一般是铼（Ⅰ）[5] 等过渡金属形成的化合物。这些过渡金属配合物都具有良好的发光性质，作为发光材料有广泛的应用前景。深入研究这些配合物的基态和激发态性质，以便得到可以提高 OLED 发光效率的金属配合物，已在科学界广泛开展。例如，对于提高器件工作效率起到重要作用的单、三重态 MLCT 态混合的问题，用三重态磷光分子作为敏化剂敏化单重态染料的发光等疑问，都已成为目前较受关注的研究课题。因此，研究这些配合物的发光原理，从电子结构的角度分析配合物的光谱性质，深入研究这些物理问题，对开发新型发光材料有着十分重要的意义。

1.1.2 过渡金属配合物的发光特性

电子吸收光谱是由于分子中的价电子吸收了光源的能量，从低能级跃迁到高能级而产生的，由于分子中价电子能级间隔为 $1\sim20\text{eV}$，因而电子光谱吸收峰常位于紫外区（$\lambda<400\text{nm}$）和可见区（$\lambda=400\sim700\text{nm}$）。

按照晶体场理论的静电作用，过渡金属配合物的中心离子和配体之间的作用与离子晶体中正离子和负离子的作用类似。由于 d 轨道有不同的空间分布，在晶体场中受配体的作用，原来简并的 5 个 d 轨道发生能级分裂。不同的配体场，分裂情况也不同。图 1-1 是过渡金属离子 d 轨道在配体场中的能级分裂。

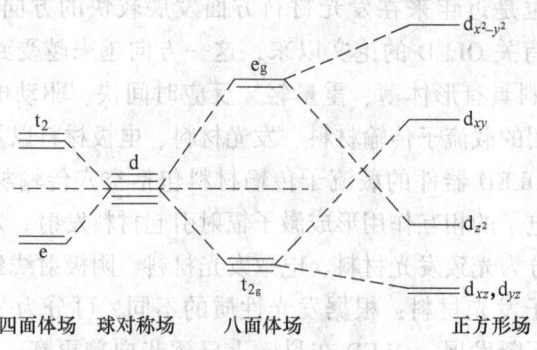

四面体场   球对称场   八面体场   正方形场

图 1-1 d 轨道在配体场中的能级分裂

常见的过渡金属化合物的电子光谱可以分为三类：

（1）配位场光谱（d-d 光谱）。这类光谱主要是 d^1 到 d^9 组态的过渡金属配合物，电子从较低能量的 d 轨道跃迁到较高能量的 d 轨道所产生的。如 d 轨道在八面体场分裂后，电子从 t_{2g} 到 e_g 能级的跃迁。可见 d-d 跃迁能相当于该配合物的分裂能。此类光谱可出现在可见区，也可延伸到近红外区。

（2）电荷迁移光谱。这类光谱是由于电子在中心原子和配体之间跃迁而产生的，主要出现在紫外区。

（3）配体发光光谱。这类光谱起源于有机配体分子内电子的跃迁，其特征吸收谱带常出现在紫外区，并且谱带强度比较大。

其中，基于电荷迁移光谱的过渡金属配合物是一类很有应用前景的发光材料，也是本书的主要研究内容。图 1-2 列出了过渡金属配合物中几种主要的电子跃迁方式。

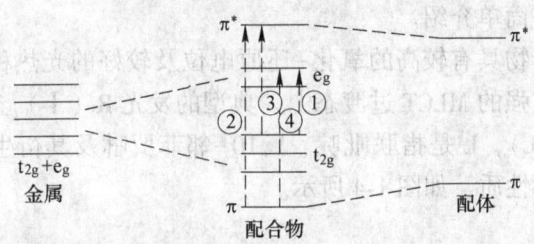

① d-d 金属内部的电子跃迁
② π-π 配体之间的电子跃迁
③ d-π 金属到配体的电子跃迁
④ π-d 配体到金属的电子跃迁

图 1-2 过渡金属配合物中几种主要的电子跃迁方式

另外，在双核或多核金属配合物中往往存在金属-金属键，这就会导致金属-金属键相关的电子跃迁。其形成的 $d\sigma^*$ 轨道到 $d\sigma$ 轨道的跃迁形成 $d\sigma^* \rightarrow d\sigma$ 激发态，这样就会导致相应的磷光发射，如图 1-3 所示[6]。$d\sigma^* \rightarrow \pi^*$ 或 $d\sigma^* \rightarrow d\sigma$ 的电子跃迁同金属-金属之间的作用密切相关，因而具有金属-金属键的配合物特有的光谱跃迁性质。

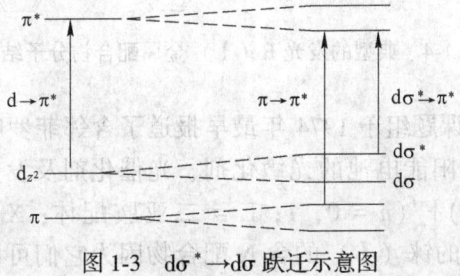

图 1-3 $d\sigma^* \rightarrow d\sigma$ 跃迁示意图

1.1.3　典型的过渡金属配合物发光材料

　　近年来，科研工作者对具有磷光有机发光器件的研究，做出了很大的努力。他们试图通过设计新的配体或在配体上连有不同取代基的方式来改变和调节配合物的光谱颜色或发光效率。由于磷光材料比荧光材料的发光效率高出近三倍，这些具有良好的光化学和光物理性质的配合物已受到广泛关注。近年来，研究发现铼等配合物作为发光器件的性能较好，受到广大科学工作者的认可，其可以通过调节配体上的取代基，从而改变光谱性质。这几类配合物具有比较好的发光性能是由于它们具有较强的自旋轨道耦合作用，使发生三重态跃迁的效率提高，继而使得其作为发光材料的效率提高。这些配合物在分子催化、太阳能转换[7]等领域有广泛应用。光谱的跃迁性质主要有 MLCT、MMLCT 或 $d\sigma^* \to d\sigma$。下面将对过渡金属 Re(Ⅰ) 与多联吡啶、1,10-邻菲罗啉及其衍生物形成的金属配合物的发光性质及应用作一简单介绍。

　　铼联吡啶配合物具有较高的氧化-还原电位及较好的光热稳定性，吸收紫外或可见光后可形成强的 MLCT 过渡态[8]。典型的发光 Re(Ⅰ) 金属配合物分子结构是 $Re(CO)_3Cl(L)$，L 是指联吡啶、1,10-邻菲罗啉及其衍生物等，它们通常都具有 MLCT 发射性质，如图 1-4 所示。

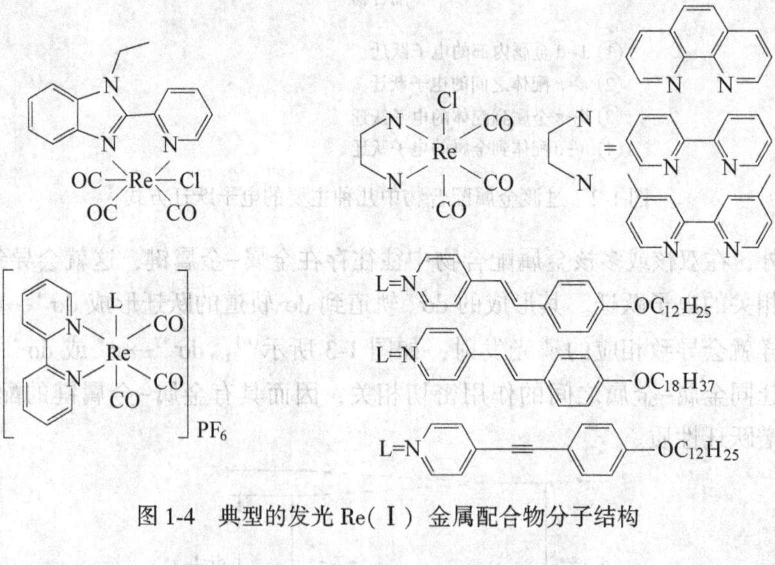

图 1-4　典型的发光 Re(Ⅰ) 金属配合物分子结构

　　美国 Wrighton[9]课题组于 1974 年最早报道了含邻菲罗啉的铼配合物，这类配合物可以应用于太阳能电池的光敏化剂、光催化剂及发光探针。此后，具有 $fac\text{-}[Re(L)(CO)_3(X)]^{n+}$（$n = 0, 1$；L = 二亚胺配体；X = 9-乙基鸟嘌呤、$CH_3CN$、Cl 等）通式的铼（Ⅰ）的含 N 配合物因为它们可以作为良好的发光材料被广泛研究[10,11]。1983 年法国科学家发现含 bpy（联吡啶）配体的铼配合物可以作为均相催化剂有效降解 CO_2。1999 年，我国吉林大学王悦课题组首先将 Re（Ⅰ）邻菲罗啉羰基配合物应用于有机电致发光器件（OLEDs）[12,13]，并获得了较好的性能。Re（Ⅰ）配合物之后在有机电致发光方面引起了人们的重视。2002 年，北大的黄春辉等[14]报道的含吡啶衍生物配体的羰基 Re（Ⅰ）配合物，显示出较好的发光性能。最近，实验上和理论上已经报道了一些新型的含 N^N 配体的铼配合物[15]，这些配合物已经应用于诊断和治疗的放射药剂，比如 [Re(CO)$_3$(tp)$_2$Cl]，[Re(CO)$_3$(bpzm)Cl] 和 [Re(CO)$_3$(bdmpzm)Cl]（tp = 1, 2, 4-三唑-[1,5-a] 嘧啶，bpzm = 双(3,5-二甲基吡唑-1-基) 甲烷）。这些肟配合物由于它们的寿命较长和稳定性较高，其中一些已经被用于抗体的标签，引起了人们相当大的兴趣。

总之，铼金属有机配合物在发光材料方面得到了很大的发展，许多性质较好的磷光主客体材料被研究出来。随着研究的不断深入，其发光效率不断提高，由此可见，开发新的磷光材料的前景十分广阔。本书设计了一些新型铼配合物，研究其电子结构和光谱性质，目的在于调节其发光性能，改善并提高其发光效率。

1.2 染料敏化太阳能电池

1.2.1 染料敏化太阳能电池发展简介

在太阳能电池中，硅系电池是发展最成熟的，但由于成本非常高，远不能大量应用到日常生活中。基于此，科学家们一直在工艺、新材料、电池薄膜等方面进行探索和研究，这当中近年来发展的染料敏化太阳能电池（dye-sensitized nanocrystalline photovoltaic solar cells）受到国内外科学家的重视。Grätzel[16]小组于 1991 年研制出的电池的光电转换效率明显提高，与常规的硅电池相比，能量转换效率相当，但是成本显著减少。随后该小组[17]再次报道了光电转换效率达 10% 的 DSSC，其效率又有了提高[18]，1998 年，Grätzel 等人[19]进一步研制出全固态 Grätzel 电池，单色光电转换效率达到 33%，这一重大突破引起了全世界的关注，为光电化学电池的发展起到了里程碑的作用。该电池于 1997 年已应用于电致变色器件[20,21]，因而人们认为这种太阳能电池将来会在生产和生活中起到更大的作用。广大科研人员将会一直高度关注染料太阳能电池的持续发展[22~24]。

染料敏化太阳能电池的核心理念在于，染料敏化太阳能电池是利用染料分子来吸收太阳光，就像光合作用中的叶绿素一样。染料分子本身不参与电荷传输，它仅负责吸收太阳能，然后产生电荷，电荷的传输是通过其他载体如二氧化钛纳米晶体薄膜来完成。在传统的硅太阳能电池中，硅基质不仅要吸收太阳光，而且还要传导电荷，没有其他的载体。因而，为了更有效地分离正负电荷，在常规的电池里就必须采用外加电场，这样毕然导致工序增加。另外，高纯硅十分昂贵。相比较而言，新型的染料敏化太阳能电池的优点就显现出来了，其具有材料成本低、制造过程简单、可弯曲、透明等特点。从目前的研究和理论上讲，染料敏化太阳能电池的光电转化效率也远高于常规电池。染料敏化太阳能电池为开发新能源提供了新思路，为开发新型电池提供了更有效的方法。

中国的太阳能电池发展比国外晚了 20 年，但是近些年国家在这方面逐渐加大了投入，全国太阳能电池产量不断增加，已成功超越欧洲、日本，成为世界太阳能电池生产的第一大国。总之，太阳能光伏电池在不远的将来会占据世界能源消费的重要部分，不但会替代部分常规能源，而且将成为世界能源供应的主体。对目前存在的问题，广大研究工作者会不断努力，太阳能光伏产业的发展前景及其在能源领域的重要战略地位将不断提升。

1.2.2　染料敏化太阳能电池的结构和工作原理

染料敏化二氧化钛太阳能电池主要由导电膜、导电玻璃、纳米 TiO_2 多孔膜、染料光敏化剂、电解质（I^-/I_3^-）和铂电极等组成，其结构如图 1-5 所示。染料光敏化剂是至关重要的一部分，是该类电池发展的制约因素，直接影响到电池的光电转换效率。

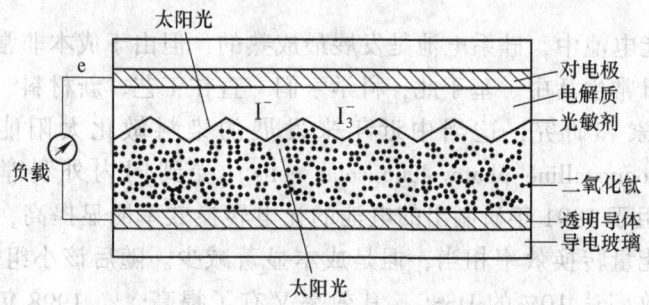

图 1-5　染料敏化 TiO_2 纳米太阳能电池示意图

染料敏化太阳能电池的工作原理[25]如图 1-6 所示。染料分子吸收太阳光跃迁至激发态，激发态不稳定，电子快速注入到 TiO_2 导带，染料中失去的电子则很快从电解质中得到补偿。进入导带的电子最终进入导电膜，通过外电路产生电流。通过改善各种设备的性能，DSSC 的效率在不断提升。一般用来评价太阳能电池的指标有：光电转换效率（IPCE），短路电流，开路电压，电池的总效率等。

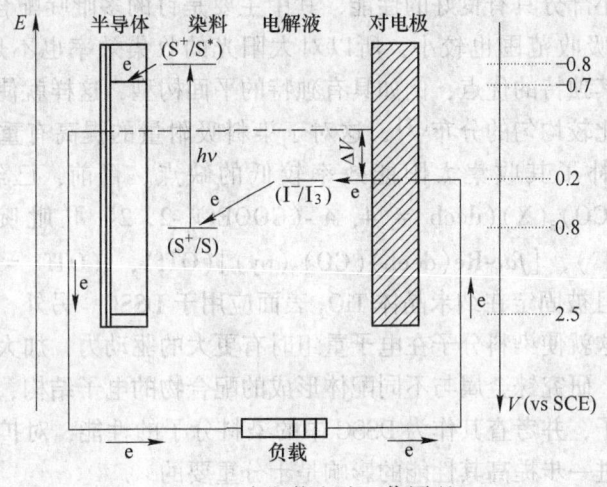

图 1-6　太阳能电池工作原理

1.2.3 染料敏化剂简介

在染料敏化半导体太阳能电池中，由于一些半导体（如 TiO_2）的禁带宽度在紫外区，收集太阳光的能力比较差，如果将其直接用于太阳能电池，则转换效率太低，所以科学家们一直思考能吸附在半导体表面上的染料分子，利用染料对可见光的强吸收范围较大，进一步提高 DSSC 的光电转换效率。这里的染料分子也就是染料敏化剂，要使太阳能电池的效率较高，染料一般要符合以下条件：

（1）能紧密吸附在二氧化钛纳米结构半导体电极表面。既能够快速达到吸附平衡，又不易脱落。这就要求染料分子母体上一般应有易与纳米半导体表面结合的基团，如—COOH，—PO_3H_2[26]。

（2）在可见光区吸收性能好，最好在整个光谱范围内都有吸收。当多吡啶上增加共轭结构或取代基给电子性增强时，分子极化增大，电子云活动性增强，从而降低了分子激发能，也可以使最大吸收红移。

（3）能级匹配。激发态的能量应高于半导体导带，基态能量高于半导体价带，保证电子快速注入。

（4）染料分子应该具有比电解质中的氧化还原电对更正的氧化还原电势。

（5）激发态寿命足够长，且具有很高的电荷传输效率。激发态寿命越长，量子产率越高。

（6）染料在长期光照下具有良好的化学稳定性，能够完成循环反应。

（7）染料分子能溶解于与半导体共存的溶剂。

染料分子对染料太阳能电池的作用非常重要，近年来已经合成了许多染料分子，但只有一小部分具有良好的性能，其中主要是钌的多吡啶配合物。铼（Re）系列染料[27]的吸收范围也较小，所以对太阳光的收集效率也不是很高。但是，此类配合物有其独特的优点，例如具有独特的平面构型，这样就使其能够在半导体薄膜上实现比较均匀的分布[28]，这对于染料吸附量的提高有重要的作用，在很大程度上弥补了其收集太阳能效率较低的缺点。目前，已经合成配合物 $fac\text{-}Re(deeb)(CO)_3(X)$（deeb = 4, 4′-$(COOEt)_2$-2, 2′-联吡啶，X = I^-，Br^-，Cl^-，CN^-），$[fac\text{-}Re(deeb)(CO)_3(py)](OTf)$，（$OTf^-$ = 三氟甲磺酸，py = 吡啶），且被固定在纳米晶体 TiO_2 表面应用于 DSSC。另外，铼配合物的氧化电位较高，这就使染料分子在电子重组时有更大的驱动力，加大被电解质还原的速度。因此，研究铼金属与不同配体形成的配合物的电子结构，从中找出光谱性质较好的分子，并考查其作为 DSSC 中的染料分子的性能，对扩大染料太阳能电池的范围，进一步提高其性能的影响是十分重要的。

1.3　理论基础和计算方法

利用量子化学研究出的各种计算方法可以解决物质结构的众多问题，比如可以研究电子结构、相互作用力以及光谱性质等，涉及化学物理性质的各个方面，范围十分宽广，功能十分强大。另外，新的计算方法不断提出，计算机性能不断提升，理论计算涉及的分子大小也在不断增大，精度也在不断提高，为实验研究提供了不可缺少的指导，因而，理论计算越来越受到广大研究工作者的青睐。

理论计算方法用到的理论有价键（valence bond，VB）理论和分子轨道（molecular orbital，MO）理论。两种理论各有千秋，科学家们在研究新方法时尽量同时考虑两种方法，使计算过程尽量完善，从而使计算结果的精度较高。其实两种方法的差别就在于运用时使用的近似处理方法不同。本书主要利用分子轨道理论研究过渡金属 Re(Ⅰ) 配合物的基态、激发态的几何、电子结构，配合物的吸收和发射光谱性质，下面简要介绍计算过程中所涉及的基础理论。

1.3.1　分子轨道理论和电子激发态理论

1927 年薛定谔提出了量子化学最基本的方程——薛定谔方程。为求解多电子分子的薛定谔方程，需进行各种近似处理。在众多方法中，由洪特和马利肯奠基的分子轨道理论极具生命力，发展成量子化学的主流。分子轨道理论的基本要点是：

（1）分子中的电子围绕整个分子运动，其波函数称为分子轨道。分子轨道理论假定了分子轨道是所属原子轨道的线性组合（linear combination of atomic orbital，LCAO），即是相加相减而得。例如，氢分子离子当中就有：

$$\Psi_I = \Psi_a + \Psi_b \tag{1-1}$$

$$\Psi_{\mathrm{II}} = \Psi_a - \Psi_b \qquad\qquad (1\text{-}2)$$

式中，Ψ_a 和 Ψ_b 分别是氢原子 a 以及氢原子 b 的 1s 原子轨道。在公式（1-1）和公式（1-2）的基础上乘以轨道系数，再对它们进行相加相减，分别可以得到某一体系的分子轨道波函数。

（2）若组合得到的分子轨道的能量比组合前的原子轨道能量之和低，所得分子轨道叫做成键轨道；若组合得到的分子轨道的能量比组合前的原子轨道能量之和高，所得分子轨道叫做反键轨道；若组合得到的分子轨道的能量跟组合前的原子轨道能量没有明显差别，所得分子轨道叫做非键轨道。

（3）能量相近的原子轨道才组合成分子轨道。这叫能量相近原理。

（4）电子在分子轨道中填充跟在原子轨道里填充一样，要符合能量最低原理、泡利原理和洪特规则。

（5）分子中成键轨道电子总数减去反键轨道电子总数再除以 2 得到的纯数叫键级（bond order，BO）。键级越大，分子越稳定。

（6）分子轨道的能级顺序可由分子轨道能级顺序图来表示。

光化学的任务是研究当分子吸收一个或多个光子后，该分子的化学物理行为的变化。在光化学的初级阶段，所考虑的主要是分子内电子激发，而振动激发考虑的往往较少。分子中的电子被激发时为激发态，而被激发的分子能量可能会有所增大，分子内键的变化可能会引起分子几何结构和电子云密度分布的变化，进一步会引起电子自旋和轨道对称性发生变化等。另外，在化学性质上，激发态和基态之间也存在明显的不同，如在接纳与给出电子的能力上发生变化以及发生反应时对称限制和能量限制的变化等。

激发态本身与现代化学和物理学中众多的光电现象有关。从图 1-7 中可以看出分子对光的吸收和发射情况，包括基态分子对光的吸收以及处于激发态分子的辐射与非辐射衰变的过程。另外，从图 1-7 中还可以看出吸收光谱的能量大于发射光谱的能量，呈现出吸收和发射值波长的位移，即所谓的 Stokes 位移。研究表明，Stokes 位移的大小和分子激发态与基态间核构型的变化程度相关，变化越大则 Stokes 位移越大。

在过去的研究当中，处理激发态的方法用得较多的是单激发组态相互作用（configuration interaction with single excitations，CIS）。近年来，使用较多的是含时密度泛函理论[30]（time-dependent density functional theory，TD-DFT），研究表明，TD-DFT 能给出很准确的体系跃迁激发能。下面分别对这两种方法作一简单介绍。

从概念和计算方案上讲，单组态相互作用方法是最简单的一种基于波函数的并且可以用于研究电子跃迁能和激发态性质的从头算方法。CIS 方法具有以下优点：CIS 具有大小一致性，即两个不相关的体系基态的总能量与他们一起计算还是分开计算无关；激发态的波函数是与基态哈密顿正交；CIS 的总能量是可以变

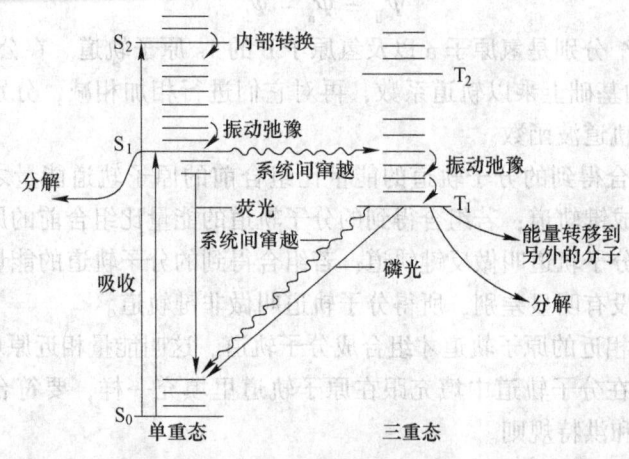

图 1-7　电子激发状态图

分的，可以通过此能量的解析梯度（导数）来计算；激发态的几何构型以及激发态的振动频率等性质。CIS 方法的缺点：一般情况下，CIS 计算的激发能总是比实验值偏大 $0.5\sim2eV$[31]。一方面，该误差主要是因为从基态 Hartree-Fock 得到单激发的行列式，仅仅是真实激发能的一级近似。虚轨道的能量是基于 $(N+1)$ 电子体系而计算的，并不是真实的 N 电子体系。如果以 Hartree-Fock 轨道为参考的话，结果导致轨道能级差与激发能不相关。另一个方面，通常在 CIS 计算中，并没有考虑到电子相关，那么 CIS 的误差就与电子相关能差有关联。有时，该误差为一对电子或者数个电子对相关能数量级。

目前，DFT 方法是研究激发能以及电子跃迁的最为有效的方法之一，尤其是在处理中型或者大型分子体系方面。近年来，已开发出一大批具有实用价值的交换相关势的近似表达，比较著名的有：局域泛函类，如 Slater-Vosko-Wilk-Nussair（SVWN）[32]，梯度校正（GGA）类，如 Beeke-Lee-Yang-Parr（BLYP）[33,34]，Perdew-Burke-Enzerhof（PBE）[35]、Becke-Perdew1986（BP86）[36]、混合泛函，如 Becke3-Lee-Yang-Parr（B3LYP）[37]。当前，理论界对于交换相关泛函的改良从来都没有停息过。就目前的发展来说，B3LYP 和 PBE 泛函是在标准的基态 DFT 计算中应用最为广泛的两个泛函。尽管是以研究基态的电子结构为出发点开发的，但是 B3LYP 和 PBE 泛函也被广泛应用于 TD-DFT 的计算中，用来研究激发态的电子结构及其性质。在多数情况下，TD-DFT 的结果与所选择的泛函息息相关，而且对于交换相关泛函十分敏感。因此，在使用 TD-DFT 的结果之前，始终要检查或者校验结果的可靠性：可以通过与高精度的基于波函数的方法或者与实验数据的对比进行。在没有确认结果可靠性的前提下，TD-DFT 的计算结果毫无意义。

尽管在 TD-DFT 计算中都采用近似的交换相关泛函，但是计算价电子的激发能的误差却能控制在$0.1 \sim 0.5 eV$范围内。但是要明确的是，达到如此高的精度，要采用相当大的基组，以便能包含足够多的虚轨道。与基于波函数的 CIS 方法相比较，处理同样大小的体系，TD-DFT 的计算速度更快，执行效率更高。虽然 TD-DFT 方法可以在处理价层电子激发态取得不错的结果，但是 TD-DFT 方法也存在难以克服的缺点。就当前的各种交换泛函而言，TD-DFT 并不能很好地描述强 π 共轭的价电子激发态[38]、双电子激发态[39]、电荷转移激发态[40]等。

1.3.2　前线分子轨道理论

前线分子轨道理论是一种分子轨道理论，它认为分子的许多性质主要是由分子中的前线轨道，即最高占据轨道和最低占据轨道决定的。20 世纪 50 年代，福井谦一提出这一理论，他的依据是，在分子中 HOMO 上的电子能量最高，所以受的束缚最小，因而最活泼，容易发生跃迁；而 LUMO 在所有的未占据轨道中能量是最低的，最容易接受电子，因而这两个轨道决定着分子的电子得失和转移能力，决定着分子间反应的空间取向等重要化学性质。

光化学反应一般有两个步骤：首先是分子的一部分进行光激发，这会使电子在 HOMO 和 LUMO 之间发生跃迁。然后是处于激发态的分子与另一分子进行反应。后者是基态，可以是同一种化合物之间的反应，也可以是不同分子间的作用。在以往的研究中，有如图 1-8 所示的两种作用。一种为激发分子单占 π* 轨道（'LUMO'轨道）与基态分子 LUMO 轨道相互作用，另一种为激发态分子的单占 n 或 π 轨道（'HOMO'轨道）和基态分子的 HOMO 轨道相互作用。

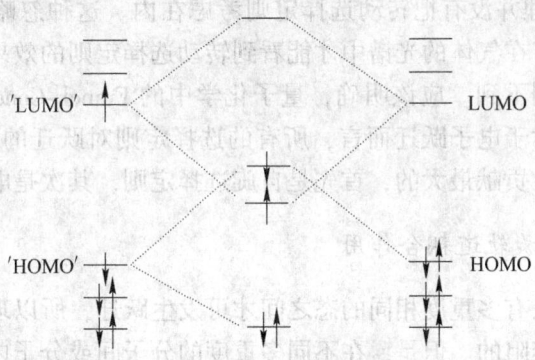

图 1-8　光化学反应中前线轨道的相互作用

在光化学中，涉及电子跃迁的光波波段可包括红外、可见与紫外部分。这意味着在光化学反应中，所涉及的能量范围可包括与分子键能大小处于相同数量级的光化学反应，以及与化学反应活化能大小相当的那些化学反应。这说明通过光化学反应，既可以实现对分子的光化学直接分解，也可使某些在基态情况下动力学受阻的分子发生化学反应。

本书在对铼配合物发光性质和激发态性质的研究中，应用 TD-DFT 方法得到了配合物在溶液中的激发态电子结构和电子跃迁光谱特征，并进一步对分子的前线轨道性质及成分做了分析及讨论。

1.3.3　电子光谱理论

1.3.3.1　Franck-Condon 原理

1925 年 Franck 首先提出这一原理，1928 年 Condon 用量子力学的方法加以说明。他们认为，电子跃迁的过程是一个非常迅速的过程，跃迁后的电子态虽然有改变，但是核的运动在这样短的周期内来不及跟上，保持着原来的核间距和振动速度。这是由于电子和原子核质量的显著差别，电子的运动速度比原子核快得多。

当分子的电子态发生变化时，分子本身就会吸收或发射光，即表现出相应的光谱性质。Franck-Condon（F-C）原理[41,42]能清楚地解释这些分子光谱，主要思想是电子跃迁非常快（10^{-18} s），而核骨架振动相对而言要慢得多（$10^{-12} \sim 10^{-13}$ s），所以在跃迁发生的瞬间，原子核仍具有与跃迁前几乎完全相同的相对位置和速度，于是发生了垂直跃迁，即从某种骨架结构的电子基态跃迁到同一骨架结构的电子激发态，即势能图中垂直跃迁与最强的谱带相对应。

这个原理描述的是自旋相同的两个电子态间的振动跃迁，如果考虑其他量子化学中的选择定则，则有可能降低跃迁或者是彻底禁止跃迁。此处讨论的Franck-Condon 原理并没有把转动选择定则考虑在内。这种忽略和简化是合理又科学的，因为只有在气体的光谱中才能看到转动选择定则的效果，而在液体或者固体中，根本观测不到。应该明确，量子化学中的 Franck-Condon 原理，是一系列近似的结果。对于电子跃迁而言，所有的选择定则对跃迁的可能性都有贡献，但是对跃迁可能性贡献最大的，首先是自旋选择定则，其次是电子选择定则。

1.3.3.2　自旋轨道耦合作用

一般来说，只有多重度相同的态之间才可发生跃迁，所以理想单重态和三重态之间的跃迁是禁阻的。但是，在不同多重度的分子间或分子内扰动影响下，这种禁阻跃迁确实可以出现[43]。这些扰动是靠近核的磁场函数，也就是原子质量的函数（重原子效应）。可以用 Hamilton 算符项表达这种单、三重态间的混合：

$$H_{so} = K\xi(L \cdot S) \tag{1-3}$$

式中，H_{so} 为自旋耦合项；ξ 为依赖于核场的函数；$(L \cdot S)$ 为轨道和自旋角动量矢量的标量积；对于给定的体系，K 为常数。在量子物理中，这种作用称为自旋轨道耦合，也叫做自旋轨道相互作用、自旋轨道效应。在该效应的影响下，导致纯单、三重态 Ψ_S 和 Ψ_T 发生混合的波函数可以用式（1-7）来表示：

$$\Psi_{SO} = \Psi_T + \lambda \Psi_S \qquad (1\text{-}4)$$

式中，λ 代表混合程度，可以表达为

$$\lambda = \frac{\int \Psi_S H_{SO} \Psi_T d\tau}{|E_S - E_T|} \approx \frac{V_{SO}}{|E_S - E_T|}$$

其中，E_S 和 E_T 分别为单重态和三重态能量；V_{SO} 为使电子自旋改变取向的相互作用能。由此可见，单、三重态之间的能量相差越小，则 λ 越大。

因此，在自旋-轨道耦合作用下，由单重基态跃迁到混合激发态的跃迁矩 R 可以表达为

$$R = \int \Psi_S M \Psi_{SO} d\tau$$

$$= \int \Psi_S M (\Psi_T + \lambda \Psi_S) d\tau$$

$$= \int \Psi_S M \Psi_T d\tau + \lambda \int \Psi_S M \Psi_S d\tau \qquad (1\text{-}5)$$

$$\text{（禁阻的）} \qquad \text{（允许的）}$$

注意，这里默认基态为单重态。当基态是单重态时，第一项为零，然而第二项不为零，这时跃迁强度与 λ 成正比。因此，在这个作用的影响下，发生从三重激发态到单重基态的发光就成为可能，也就是有磷光产生。

1.3.4 分子光谱

分子光谱[44]是分子从一种能态改变到另一能态时的吸收或发射光谱。分子光谱与分子绕轴的转动、分子中原子在平衡位置的振动和分子内电子的跃迁相对应。分子光谱占据了各个谱带，可分为纯转动光谱、振动-转动光谱带和电子光谱带。由不同电子态上不同振动和不同转动能级之间的跃迁称为电子光谱，这类光谱比较复杂，会产生较多的光谱带，光谱的范围主要在可见或紫外区，所以观测到的可以是发射光谱。由不同振动能级上的各转动能级之间发生跃迁而产生的光谱称为振动-转动光谱，这些光谱往往是一些比较密集的谱线，其主要分布在近红外波段，也主要是吸收光谱。在分子转动能级之间发生的跃迁称为纯转动光谱，其光谱范围主要在远红外区域，光谱类型主要为吸收光谱。非极性分子由于不存在电偶极矩，没有转动光谱和振动-转动光谱带。

1.3.4.1 荧光和磷光

基态的电子受到激发之后，跃迁到能量更高的轨道，若自旋不发生翻转，那么所达到的激发态就是单重激发态；反之，则为三重激发态，如图 1-9 所示。最

左侧为单重基态，电子成对，自旋反平行状态。受到激发之后，电子跃迁到能量更高的轨道上，但是自旋保持不变，如图 1-9 中间一列所示，这样的激发态就是单重激发态。如果激发后，电子的自旋发生翻转，最终两个电子的自旋方向一致，致使能量降低，这个激发态就是三重激发态。三重激发态的能级低于单重激发态。

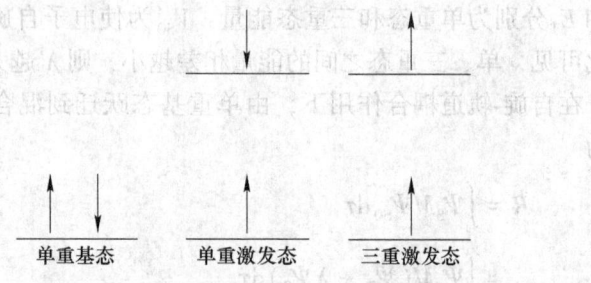

单重基态　　　　　单重激发态　　　　　三重激发态

图 1-9　基态和激发态下的电子自旋

发射荧光的过程可以表述为：分子吸收能量后，一般为单重态电子受激发，从分子的基态 S_0 发生跃迁，到达与基态有相同多重度的且能量较高的 S_2 激发态。然后处于能量较高的 S_2 激发态上的电子通过各种方式放出能量返回到基态。若是此过程当中受激发的电子从 S_2 经过较快的速度，即内转换过程到达能量稍低的 S_1 激发态，两个激发态的多重度是相同的，随后 S_1 再释放能量以光的形式返回到基态 S_0，这里发出的光就是荧光。该过程可表达为：

$$S_0 + h\nu_{EX} \longrightarrow S_2 \tag{1-6}$$

$$S_2 \longrightarrow S_1 + 能量 \tag{1-7}$$

$$S_1 \longrightarrow S_0 + h\nu_F \tag{1-8}$$

式中，h 为普朗克常数；ν_{EX} 为入射光的频率；ν_F 为发射光（荧光）的频率。由于激发态 S_1 的能量低于激发态 S_2，故在这一过程中发出的荧光频率 ν_F 一般低于入射光的频率 ν_{EX}。通常电子内转换过程，即从 S_2 到达 S_1 激发态非常快，这就导致分子的荧光主要来自激发态 S_1。上述过程可以综合表示为：

$$S_0 + h\nu_{EX} \rightarrow S_2 \rightarrow S_1 \rightarrow S_0 + h\nu_F \tag{1-9}$$

磷光的发射过程可以表述为：受激发的电子也可以从 S_1 经由系间窜越，此过程为无辐射跃迁，最终到达能量较低但自旋多重度与之不同的激发三重态 T_2。此后经过内转换过程，无辐射跃迁到达能量更低的激发态 T_1，最后以发光的方式释放能量返回到基态 S_0，这时发出的光就是磷光。由于激发态 T_1 和基态 S_0 的自旋多重度不同，按照跃迁选择规则，这个跃迁过程是禁阻的，因此磷光比荧光的发射时间要长。与荧光表述类似，磷光过程可以表达为：

$$S_0 + h\nu_{EX} \rightarrow S_2 \rightarrow S_1 \rightarrow T_2 \rightarrow T_1 \rightarrow S_0 + h\nu_P \tag{1-10}$$

式中，ν_P 为磷光的频率。

1.3.4.2 溶剂对配合物发光的影响

不同溶剂具有不同的极性，与溶质会发生静电作用、色散作用、氢键、电荷转移以及电荷互斥作用，这势必会影响到分子内电子态。当电子受激发发生跃迁时，溶剂的影响会引起光谱的移动和变化。实验研究表明，在溶液中测量吸收光谱时，随着溶剂极性的增加，有些体系的最大波长红移，而有的则发生蓝移。这些光谱的变化说明跃迁受到影响，可由此估算出激发态的偶极矩。为了合理地解释这些现象，研究时要充分考虑溶剂对化合物发光性质的影响。

自洽反应场（self-consistent reaction field，SCRF）方法是一种在计算过程中经常用到的方法。它模拟了非水溶液中的分子体系。该方法中溶质处于有一致介电常数 ε 的溶剂中，设定的这种溶剂模型为反应场。SCRF 方法又有不同的计算方法，其区别在于定义的反应场不同。在以往的研究当中，使用到的有 Onsager 反应场模型[45~47]，极化连续介质模型（polarized continuum model，PCM）[48]，等密度极化连续介质模型（isodensity polarized continuum model，IPCM）[49]，本书中采用的是 PCM 模型。

极化连续介质模型把空穴定义为一系列互相联结的原子球面的组合。对于溶剂介质的极化作用给出数值解，即通过数值积分计算。使用 PCM 模型，溶剂化体系的自由能为：

$$G(\varPsi) = \langle \varPsi | H_o | \varPsi \rangle + \frac{1}{2} \langle \varPsi | H_{pol} | \varPsi \rangle \tag{1-11}$$

式中，右面第一项代表溶剂电场修正的溶质 Hamilton；第二项包括溶剂-溶质稳定化能和使溶剂极化的可逆功。该项依赖于溶质电荷分布与溶剂电场的耦合，可以从反应场空穴表面诱导出的电荷求 H_{pol} 值：

$$H_{pol} = \sum_a \sum_j Z_a \left| R_a - r_s^j \right|^{-1} - \sum_i \sum_j q_p^j \left| r_i - r_s^j \right|^{-1} \tag{1-12}$$

式中，Z_a 和 R_a 分别为原子核电荷数和原子核坐标；q_p 为在某一固定点的诱导电荷；r_s 为在空穴表面某点的位置；r_i 为溶质中电子的电荷分布的位置。由公式可以看出，H_{pol} 依赖于溶质的电子密度，而反过来已知 H_{pol} 也可求出该电子密度。这就可以应用到自洽场计算中，而求出的溶质电子密度又用于求下一级 H_{pol}，一直计算到电荷变化满足所需的判据为止。

计算电场，并求出网格点内的电荷：

$$q_p^j = \sum_k A_{ii}^{-1} b_k \tag{1-13}$$

$$b_k = -E(r_s^k) n(r_s^k) \tag{1-14}$$

式中，E 为电场；n 为与表面正交的矢量。A 矩阵可以描述为：

$$A_{ii} = \frac{1}{w_i}\left[\frac{2\pi(\varepsilon+1)}{\varepsilon-1} + 2\pi - \sum_{j\neq 1}\frac{n(r_s^j)(r_s^j-r_s^i)}{|r_s^j-r_s^i|^3}w_j\right] \quad (1\text{-}15)$$

$$A_{ji} = \frac{n(r_s^j)(r_s^j-r_s^i)}{|r_s^j-r_s^i|^3} \quad (1\text{-}16)$$

式中，w_i 代表表面各点的能够准确求得面积的权重；ε 为溶剂的介电常数。

1.3.5　理论计算的发展

化学理论和计算机的快速发展使两者更好地结合在一起，并且广泛应用到化学的各个研究领域，因此使化学进入一个全新的时代。与实验工作者相比，理论计算有它独特的优势，并且随着高精度理论方法的开发和利用，使得其已经成为广大化学研究人员不可缺少的一种手段。理论计算从微观结构到各种性质都可以展现出其优点，然后根据这些结构和性质再预测其应用价值。特别是化学软件和新理论的不断提出，使理论计算的精准性不断提高。现在较流行的 Gaussian 软件已经成为理论计算领域应用最广泛的软件，它可以研究物质的许多方面。新的计算方法的不断引入，使其功能更加强大。

理论化学家尝试了各种电子结构理论，试图找到一个既能准确预测激发态电子结构又能应用于较大分子体系而不耗费过多计算资源的方法。目前有两种比较流行的计算激发态几何结构和能量的方法：（1）用单激发组态相互作用（CIS）[50]和含时密度泛函（TD-DFT）[51]方法，主要使用 CIS 方法优化激发态几何结构，进而用 TD-DFT 方法计算分子的垂直跃迁能[52]，CIS 方法在优化较大分子方面表现出优势。（2）用非限制性 UDFT、UMP2（unrestricted second-order Møller-Plesset Perturbation）[53]方法优化激发态几何构型，然后用 TD-DFT 方法计算分子的垂直跃迁激发能。尽管 UDFT 及 UMP2 方法只能优化与基态具有不同自旋多重度的激发态几何，但是过渡金属配合物的磷光发射一般均是来自于最低能的三重态到基态的跃迁，所以用这种方法也可以得到满意的结果。另外，由于计算基态的 DFT、MP2 和计算激发态的 UDFT、UMP2 属于同一级别的方法，所以计算得到的基态和激发态几何结构可比性要比 CIS 方法高。

参 考 文 献

[1] HAGFELDT A, BOSCHLOO G, SUN L. Dye-sensitized solar cells [J]. Chem. Rev, 2010, 110: 6595~6663.
[2] ABBASOGLU S, NAKIPOGLU E, KELESOGLU B. Viability analysis of 10 MW PV Plant in Tur-

key [J]. Energy Education Science and Technology PartA: Energy Science and Research, 2011, 27: 435~446.

[3] WANG Q, GAO Y J, ZHANG T T, et al. QM/MM studies on luminescence mechanism of dinu-clearcopperiodide complexes with thermally activated delayed fluorescence [J]. RSC Adv. 2019, 9: 20786~20795.

[4] GAO Y J, CHEN W K, ZHANG T T, et al. Theoretical Studies on Excited-State Properties of Au (Ⅲ) Emitters with Thermally Activated Delayed Fluorescence [J]. J. Phys. Chem. C, 2018, 122: 27608~27619.

[5] LUONG J C, NADJO L, WRIGHTON M S. Ground and excited state electron transferprocesses involving fac-tricarbonylchloro (1, 10-phenanthroline) rhenium (Ⅰ). Electrog-enerated chemi-luminescence and electron transfer quenching of the lowest excitedstate [J]. J. Am. Chem. Soc., 1978, 100: 5790~5795.

[6] LI Y, FUNG M K, XIE Z. An efficient pure blue organic light-emitting device with low driving voltages [J]. Adv. Mater., 2002, 14: 1317~1321.

[7] DEMAS J N, DEGRAFF B A. Applications of luminescent transition platinum group metal com-plexes to sensor technology and molecular probes [J]. Coord. Chem. Rev., 2001, 211: 317~351.

[8] HASSELMANN G M, MEYER G J. Sensitization of nanocrystalline TiO$_2$ by Re (Ⅰ) polypyridyl compounds [J]. Zeit. Phys. Chem., 1999, 212: 39~44.

[9] WRIGHTON M S, MORSE D L. Nature of the lowest excited state in tricarbonylchloro-1, 10-phenanthrolinerhenium (Ⅰ) and related complexes [J]. J. Am. Chem. Soc., 1974, 96: 998~1003.

[10] KOTCH T G, LEES A. Organometallic compounds as luminescent probes in the curing of epoxy resins [J]. Chem. Mater., 1991, 3: 25~27.

[11] KOTCH T G, LEES A J, FUERNISS S J, et al. Luminescence rigidochromism of fac-tricarbon-ylchloro (4, 7-diphenyl-1, 10-phenanthroline) rhenium as a spectroscopic probe in monitoring polymerization of photosensitive thin films [J]. Inorg. Chem., 1993, 32: 2570~2575.

[12] LI Y Q, WANG Y, ZHANG Y, et al. Correspondence [J]. Synth. Metals., 1999, 99: 257~260.

[13] LI Y Q, LIU Y, GUO J H, et al. Photoluminescent and electroluminescent properties of phenol-pyridineberyllium and carbonyl polypyridyl Re (Ⅰ) complexes codeposited films [J]. Synth. Metals., 2001, 118: 175~179.

[14] WANG K Z, HUANG L, GAO L H, et al. Synthesis, crystal structure, and photoelectric prop-erties of Re(CO)$_3$CIL(L = 2-(1-Ethylbenzimidazol-2-yl)pyridine) [J]. Inorg. Chem., 2002, 41: 3353~3358.

[15] YAM V W W, LI B, YANG Y, et al. Preparation, photo-luminescence and electro-luminescence behavior of langmuir-blodgett films of bipyridylrhenium (Ⅰ) surfactant complexes [J]. Eur. J. Inorg. Chem., 2003, 22: 4035~4042.

[16] O'REGAN B, GRÄTZEL M. A low-cost, high-efficiency solar cell based on dye-sensitized colloidal TiO₂ films [J]. Nature, 1991, 353: 737~740.

[17] NAZEERUDDIN M K, GRÄTZEL M. Conversion of light to electricity by cisx₂ruthuniumcharge-tranfer ensitizers on nanocrystalline TiO₂ electrodes [J]. J. Am. Chem. Soc, 1993, 115: 6382~6390.

[18] CHRISTOPHE J, GRÄTZEL M. Nanocrystalline titanium oxide electrodes for photovoltaic application [J]. J. Am. Chem. Soc, 1997, 80: 3157~3171.

[19] BACH U, LUPO D, COMTE P. Solid-state dye-sensitized mesoporous TiO₂ solar cells with high-photon to electron conversion efficiencies [J]. Nature, 1998, 395: 583~585.

[20] BRIAN A G, BACH U. Photoelectrochromic cells and their application [J]. Endeavour, 1997, 21: 52~55.

[21] BECHINGER C, GREGG B A. Development of a self-powered electrochromic device for light-modulation without external power supply [J]. Solar Energy Material and Solar Cells, 1998, 54: 405~410.

[22] WEI D, ANDREW P, RYHÄNEN T. Electrochemical photovoltaic cells-review of recent developments [J]. Journal of Chemical Technology and Biotechnology, 2010, 85: 1547~1552.

[23] LI B, WANG L, KANG B. Review of recent progress in solid-state dye-sensitized solar cells [J]. Solar Energy Materials and Solar Cells, 2006, 90: 549~573.

[24] MISHRA A, FISCHER M. BÄUERLE P. Metal-free organic dyes for dye-sensitized solar cells: from structure: property relationships to design rules [J]. Angewandte Chemie International Edition, 2009, 48: 2474~2499.

[25] HAGFELDT A, GRÄZEL M. Light-induced redox reactions in nanocrystalline systems [J]. Chem. Rev., 1995, 95: 49~68.

[26] XIAO Z D, Li M. The influence of new binding state of dye-molecules to TiO₂ electuode surface on IPCE performance [J]. Phys. Chem. Solids., 1998, 58: 911~914.

[27] GEORG M, MEYER G J. Diffusion-limited interfacial electron transfer with large apparent driving forces [J]. J. Phys. Chem. B, 1999, 103: 7671~7675.

[28] HASSELMANN G M, MEYER G J. Sensitization of nanocrystalline TiO₂ by Re (Ⅰ) Polypyridyl compounds [J]. Z. Phys. Chem., 1999, 212: 39~44.

[29] FORESMAN J B, HEAD-GORDON M, POPLE J A. Toward a systematic molecular energy theory for excited states [J]. J. Phys. Chem., 1992, 96: 135~149.

[30] AUTSCHBACH J, ZIEGLER T, GISBERGEN S J A, et al. Chiroptical properties from time-dependent density functional theory. Ⅰ. Circular dichroism spectra of organic molecules [J]. J. Chem. Phys., 2002, 116: 6930~6940.

[31] HIRATA S, HEAD-GORDON M, BATTLETT R. Configuration interaction singles, time-dependent Hartree-Fock, and time-dependent density functional theory for the electronic excited states of extended systems [J]. J. Chem. Phys., 1999, 111: 10774~10786.

[32] VOSKO S, WILK L, NUSAIR M. Accurate spin-dependent electron liquid correlation energies

for local spindensity calculations: a criticalanalysis [J]. Canadian Journal of physics, 1980, 58: 1200~1211.

[33] LEE C, YANG W, PARR R. Development of the Colle-Salvetti correlation-energy formula into a functional of the electron density [J]. Phys. Rev. B, 1988, 37: 785~789.

[34] BECKE A. Density-functional exehange-energy approximation with correct asymptotic behavior [J]. Phys. Rev. A, 1988, 38: 3098~3100.

[35] PERDEW J P, BURKE K, ERNZERHOF M. Generalized gradient approximation made simple [J]. Phys. Rev. Lett., 1996, 77: 3865~3868.

[36] PERDEW J P. Density-functional approximation for the correlation energy of the inhomogeneous electron gas [J]. Physical Review B, 1986, 33: 8822~8824.

[37] BECKE A D. Density-functional thermoehemistry. Ⅲ. The role of exact exchange [J]. J. Chem. Phys, 1993, 98: 5648~5652.

[38] CAI Z, SENDT K, REIMERS J. Failure of density-functional theory and time-dependent density-functional theory for large extended π systems [J]. J. Chem. Phys., 2002, 117: 5543~5549.

[39] MAITRA N, ZHANG F, CAVE R. Double excitations within time-dependent density functional theory linear response [J]. J. Chem. Phys., 2004, 120: 5932~5937.

[40] DREUW A, HEAD-GORDON M. Failure of time-dependent density functional theory for long-range charge-transfer excited states: the zincbacteriochlorinbacterioehlorin and bacteriochlorophyll-spheroidene complexes [J]. Journal of the American Chemical Society, 2004, 126: 4007~4016.

[41] CONDON E U. Nuclear motions associated with electron transitions in diatomic molecules [J]. Phys. Rev., 1928, 32: 858~872.

[42] FRANCK J. Elementary processes of photochemical reactions [J]. Trans. Faraday Soc., 1925, 21: 536~542.

[43] ROHATGI-MAKHERJEE K K. 光化学基础 [M]. 丁革非, 孙万林, 盛六四, 等译. 北京: 科学出版社, 1991.

[44] G. 赫兹堡. 分子光谱与分子结构-双原子分子光谱 [M]. 王鼎昌, 译. 北京: 科学出版社, 1983.

[45] WONG M W, FRISCH M J, WIBERG K B. Solvent effects. 1. The mediation of electrostatic effects by solvents [J]. J. Am. Chem. Soc, 1991, 113: 4776~4782.

[46] WONG M W, WIBERG K B, FRISCH M J. Solvent effects. 2. Medium effect on thestructure, energy, charge density, and vibrational frequencies of sulfamic acid [J]. J. Am. Chem. Soc, 1992, 114: 523~529.

[47] WONG M W, WIBERG K B, FRISCH M J. Solvent effects. 3. Tautomericequilibriaof formamide and 2-pyridone in the gas phase and solution: an ab initio SCRF study [J]. J. Am. Chem. Soc, 1992, 114: 1645~1652.

[48] COSSI M, BARONE V, MENNUCCI B, et al. Ab initio study of ionic solutions by a polarizable

continuum dielectric model [J]. Chem. Phys. Lett, 1998, 286: 253~260.

[49] FORESMAN J B, KEITH T A, WIBERG K B, et al. Solvent effects. 5. Influence of cavity shape, truncation of electrostatics, and electron correlation on abinitio reaction field calculations [J]. J. Phys. Chem., 1996, 100: 16098~16104.

[50] FORESMAN J B, HEAD-GORDON M, POPLE J A. Toward a systematicmolecular orbital theory for excited states [J]. J. Phys. Chem. , 1992, 96: 135~149.

[51] STATMANN R E, SCUSERIA G E. An efficient implementation of time-dependent density-functional theory for the calculation of excitation energies of large molecules [J]. J. Chem. Phys. , 1998, 109: 8218~8224.

[52] LIU T, XIA B H, ZHOU X. Theoretical Studies on Structures and Spectroscopic Properties of Bis-Cyclometalated Iridium Complexes [J]. Organometallics, 2007, 26: 143~149.

[53] MϕLLER C, PLESSET M S. Note on an approximation treatment for many-electron systems [J]. Phys. Rev., 1934, 46: 618~622.

2 铼配合物$[ReX(CO)_3(N^{\wedge}N)]$的光谱性质

2.1 引言

三羰基 Re(Ⅰ) 配合物在太阳能电池的光敏剂、光催化剂、光探针和超分子方面有潜在的应用[1]。通过改变配合物中配体的特性可以调控其光谱行为。这类型化合物的一般通式是 fac-$[ReX(CO)_3(N^{\wedge}N)]$，其中 X 代表了近似垂直于杂环平面的一个卤原子或者其他配体。在过去的几年中，配合物 $ReX(CO)_3$（α-二亚胺）由于具有较好的稳定性、有趣的化学、物理、生物特性，已经被广泛研究。例如，配合物 $[ReCl(CO)_3(bpy)]$ 光致激发导致了 $CO_2 \rightarrow CO$ 的转变[2]。这些配合物的光物理和光化学性质主要取决于较低激发态的性质，通过改变配体结构或者介质可以调节这些性质，如在配合物 $ReCl(CO)_3(R_2\text{-bipy})$ 中[3]，具有不同 π 共轭体系的 R 取代基能够明显改变这些配合物的光谱性质。

目前，已经报道了一些新型的含 $N^{\wedge}N$ 配体的铼配合物。Howell 等人[4]已经合成了一系列配合物 $[ReCl(CO)_3(N^{\wedge}N)]$，并且用密度泛函理论（DFT）研究了它们的电子结构，其中 $N^{\wedge}N$ = 3,3′-二亚甲基-2,2′-二-1,8-萘啶（dbn），2,2′-二-1,8-萘啶（bn），3,3′-二亚甲基-2,2′-联喹啉（dbq）和 3,3′-二甲基-2,2′-联喹啉（diq）。计算表明，LUMO 轨道在 MLCT 跃迁过程中引起了配体成键的改变。Machura 等人报道了一些新型的三羰基铼配合物[5,6]，这些配合物已经应用于诊断和治疗的放射药剂，比如 $[ReCl(CO)_3(tp)_2]$，$[ReCl(CO)_3(bpzm)]$ 和 $[ReCl(CO)_3(bdmpzm)]$（tp = 1，2，4-三唑-$[1,5\text{-}a]$ 嘧啶，bpzm = 双（吡唑-1-基甲烷，bdmpzm = 双（3，5-二甲基吡唑-1-基）甲烷）。这些肟配合物由于寿命较长且稳定性较高，其中一些已经被用于抗体的标记[7,8]，所以引起了人们相当大的兴趣。例如，$ReX(CO)_3(N^{\wedge}N)$（$N^{\wedge}N$ = 乙二肟（DHG），二甲基乙二肟（DMG），二苯乙二肟（DPG），1,2-环己二酮乙二肟（CHDG）；X = Cl，Br）已经被合成[9]，并且这些含不同的双齿配体（$N^{\wedge}N$）的铼配合物在医药应用方面有很大的应用前景。但由于其发光性质不同，所以还未能从电子结构的观点解释研究其光谱性质。另外，单齿 X 配体的性质也会影响铼配合物的光谱性质。本节将从这两方面介绍铼配合物 $[ReX(CO)_3(N^{\wedge}N)]$ 的光谱性质。

2.2 双齿配体（$N^{\wedge}N$）对铼配合物 $ReCl(CO)_3(N^{\wedge}N)$ 光谱性质的影响

本节内容介绍了用 DFT 和 TDDFT 深入研究了不同双齿配体（$N^{\wedge}N$）对铼配

合物光谱性质的影响，具体讨论了 5 个卤化乙二肟铼配合物 ReCl(CO)₃(DHG)（配合物 2-1），ReCl(CO)₃(DMG)（配合物 2-2），ReCl(CO)₃(CHDG)（配合物 2-3），ReCl(CO)₃(DBG)（DBG＝二溴乙二肟）（配合物 2-4）和 ReCl(CO)₃(DMFG)（DMFG＝二甲基甲酰肟）（配合物 2-5）的电子结构和光谱性质。研究的目的是从电子结构的观点解释在乙二肟上的取代基和溶剂效应是怎样影响光谱性质的。这些发光规律能够为未来设计和合成具有实际应用前景的新型发光材料提供理论依据。

2.2.1　计算方法

所有的计算采用高斯 03 程序包[10]。五种配合物的基态和最低三重激发态的结构的优化分别采用 DFT（density functional theory）中的 B3LYP（Becke's three parameter functional and the Lee-Yang-Parr functional）泛涵和 CIS（configuration interaction with single excitations）方法进行优化。对于激发态来说，CIS 方法非常相似于基态的 HF（Hartree-Fock）方法。众所周知，CIS 方法是计算大分子激发态的一种有效的方法，通过考虑梯度的计算，CIS 方法可以计算分子在激发态水平下的平衡几何，在 CIS 计算水平下得到的键长、键角、频率以及偶极距与实验测得的数据吻合得比较好。在优化基态和激发态的基础上，用 TD-DFT（time-dependent density functional theory）结合极化连续介质模型 PCM（polarized continuum model）考查了配合物在甲醇溶剂中的吸收和发射光谱的性质。在计算中，对所有原子采用 LANL2DZ 基组，对于铼三羰基配合物，已经证实这种理论计算方法及计算水平是非常可靠的[11]。

2.2.2　基态几何结构和分子前线轨道

图 2-1 中给出了 5 种配合物的基态结构图，同时表 2-1 中列举了 5 种配合物的主要几何结构数据以及配合物 2-1 和配合物 2-2 的 X 光晶体结构数据。5 种配合物的频率计算结果表明没有虚频存在，说明经过全优化得到的配合物的几何结构都是势能面的极小点。

从表 2-1 中可以看出，优化所得的键长、键角与实验所得的晶体结构数据符合得都比较好。配合物 2-1 中金属 Re 采取扭曲的正八面体几何构型，其中两个羰基配体像其他 Re(CO)₃⁺配合物一样处于平面位置，而氯原子和一个羰基处于竖直位置但稍微偏向 DMG 单元。值得注意的是，Re—C(1) 和 Re—C(2) 的键长小于 Re—C(3) 的键长，这是由于所处的平面和竖直方向不同时，配体的反键作用不同[12]。C(4)—N(1) 的键长（1.316Å❶）比在中性分子 DHG（1.30Å）中

---

❶　在计算化学中，键长习惯用 Å 作为单位，本书沿用了这种习惯。1Å＝10⁻¹⁰m。

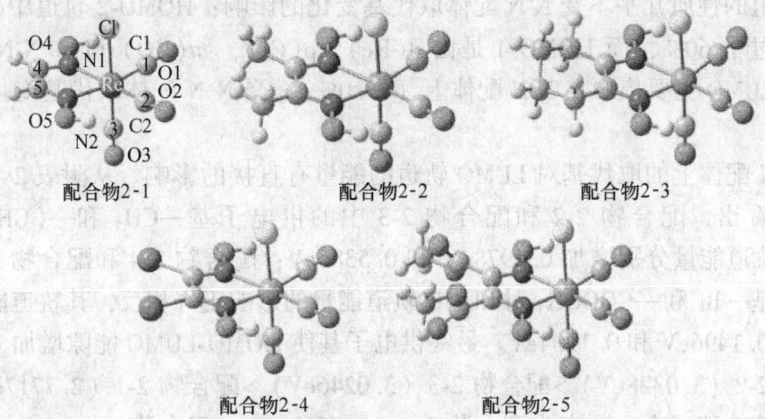

配合物2-1   配合物2-2   配合物2-3

配合物2-4   配合物2-5

图 2-1 采用 B3LYP 方法优化得到的 5 种配合物的基态结构图

的要长，这也是由于 π 的反键作用不同造成的[11]，表明在吸收光谱中有 MLCT 跃迁。另外，Re—N 的键长比配合物 ReCl(CO₃)(bpy)[13] 中的短。再者，Re—Cl 的键长被高估了 0.018Å，这与其他配合物[14]的研究结果一致，因为 DFT 在计算动力学相关效应时是有缺陷的[15]。计算结果表明，在 DHG 配体上有取代基的其他 4 个分子有着与配合物 2-1 相似的几何构型。

表 2-1 用 B3LYP 方法计算得到的 5 种配合物基态主要几何结构以及实验晶体结构数据

键参数		2-1		2-2		2-3	2-4	2-5
		S_0	实验值	S_0	实验值	S_0	S_0	S_0
键长/Å	Re—C(1)	1.935	1.930(9)	1.933	1.928(1)	1.932	1.933	1.937
	Re—C(2)	1.935	1.930(9)	1.933	1.928(1)	1.932	1.933	1.938
	Re—C(3)	1.923	1.894(1)	1.919	1.903(2)	1.918	1.924	1.927
	Re—N(1)	2.142	2.165(6)	2.145	2.161(8)	2.144	2.148	2.134
	Re—N(2)	2.142	2.165(6)	2.145	2.161(8)	2.146	2.148	2.132
	Re—Cl	2.531	2.513(4)	2.537	2.493(3)	2.538	2.527	2.527
	C(4)—N(1)	1.316	1.298(1)	1.318	1.290(1)	1.318	1.315	1.321
	C(4)—C(5)	1.443	1.443(2)	1.473	1.475(2)	1.468	1.466	1.456
键角/(°)	N(1)—Re—N(2)	72.9	72.5 (4)	72.1	72.0 (0)	72.3	72.9	73.0
	Cl—Re—N(1)	84.9	84.3 (2)	83.9	87.5 (2)	83.9	84.6	85.3

附表 1~附表 5 中列举了配合物 2-1~配合物 2-5 前线分子轨道的成分以及能量。从中可以看出配合物 2-2~配合物 2-5 的前线轨道的成分与配合物 2-1 相似。HOMO 和 HOMO-1 轨道都是由 d(Re)、p(Cl) 以及少量的 π(CO) 构成，因此，

这些轨道的性质几乎不受 N^N 配体取代基变化的影响；HOMO-2 轨道中d(Re)的成分超过了 60%，而 HOMO-4 是由 d(Re)、p(Cl)、π(CO) 和 π(N^N) 构成。另外，LUMO 主要集中在 N^N 配体上（67.0%），受 N^N 配体取代基变化的影响较大。

N^N 配体上的取代基对 LUMO 轨道的能量有直接的影响。从附表 2 和附表 3 中可以看出，配合物 2-2 和配合物 2-3 中的供电子基—CH₃ 和—(CH₂)₄—使 LUMO 轨道能量分别增加 0.4978eV 和 0.5386eV；配合物 2-4 和配合物 2-5 中的吸电子基—Br 和—COOCH₃ 对 LUMO 轨道能量的影响正好相反，其轨道能量分别降低了 0.1496eV 和 0.1904eV。最终供电子基使 HOMO-LUMO 能隙增加，顺序为配合物 2-2（3.0328eV）>配合物 2-3（3.0246eV）>配合物 2-1（2.7717eV）；吸电子基使能隙减小，顺序为配合物 2-1（2.7717eV）>配合物 2-4（2.7690eV）>配合物 2-5（2.6221eV）。这将导致吸收和发射光谱发生变化。Re 的其他配合物也有相似的结论[18]。

2.2.3　电离势和电子亲和势

电离势（IP）和电子亲和势（EA）可以解释结构和电子作用之间的内在联系。另外，其和 HOMO、LUMO 的能量有一定的线性关系[16]：$HOMO = -(E^{ox} + 4.71)eV$，$LUMO = -(E^{red} + 4.71)eV$。表 2-2 中列出了五种配合物的 IP、EA、空穴抽取势（HEP）、电子抽取势（EEP）、重组能（λ）和自旋密度分布。

表 2-2　配合物 2-1~ 配合物 2-5 的离子势、电子亲和势及自旋密度

配合物编号	IP(v)	IP(a)	HEP	λ_{hole}	自旋密度/%							
					Re	DHG	3CO	Cl	2CH₃	4CH₂	2Br	2COOCH₃
2-1	8.53	8.32	8.10	0.43	0.60	0.03	0.07	0.30				
2-2	8.37	8.02	7.79	0.58	0.60	0.05	0.07	0.28	0.00			
2-3	8.32	7.95	7.72	0.60	0.59	0.06	0.08	0.27		0.00		
2-4	8.55	8.35	8.13	0.42	0.59	0.04	0.04	0.29			0.01	
2-5	8.47	8.35	8.01	0.46	0.59	0.04	0.04	0.30				0.00

配合物编号	EA(v)	EA(a)	EEP	$\lambda_{electron}$	自旋密度/%							
					Re	DHG	3CO	Cl	2CH₃	4CH₂	2Br	2COOCH₃
2-1	2.18	2.40	2.65	0.47	-0.01	0.90	0.07	0.04				
2-2	1.75	2.07	2.49	0.74	-0.02	0.90	0.04	0.04	0.01			
2-3	1.75	2.04	2.46	0.71	-0.01	0.89	0.06	0.04		0.02		
2-4	2.47	2.83	3.33	0.86	-0.01	0.88	0.06	0.03			0.04	
2-5	2.46	2.83	3.45	0.99	-0.01	0.83	0.07	0.03				0.08

5 种配合物有相似的性质，都是 Re 被氧化而 N^N 配体部分被还原。和 HOMO 能量的变化趋势相似，IP 变化受 N^N 上取代基不同的影响较小，其表现为从 Re 的 5d 轨道离去一个电子。如阳离子自旋密度分布，五种配合物均为超过 50%的部分分布在 Re，剩余部分主要分布在 Cl 配体上，这和 HOMO 组成的分析结果一致。

从表 2-2 中还发现配合物 2-2 和配合物 2-3 的 EA 值比配合物 2-1 小，而配合物 2-4 和配合物 2-5 的较大，这与 LUMO 的能量的变化趋势一样。另外，自旋电子密度主要分布在 N^N 配体上，和 LUMO 的组成分析也一致。为了衡量电荷转移速度和电荷转移平衡，还研究了三种化合物的重组能（λ）。根据 Marcus/Hush 模型[17]，电荷转移速度（空穴或电子）k 可以用以下公式表示：

$$k = \left(\frac{\pi}{\lambda k_b T}\right)^{1/2} \frac{V^2}{\hbar} \exp\left(-\frac{\lambda}{4k_b T}\right) = A\exp\left(-\frac{\lambda}{4k_b T}\right)$$

式中，T 为温度；k_b 为 Boltzmann 常数；λ 为重组能；V 为阳离子和中性分子的轨道耦合矩阵。很明显，重组能在电荷转移过程中是非常重要的。从表 2-2 中可以看出，空穴转移重组能 λ_{hole} 小于电子转移重组能 $\lambda_{electron}$，这表明空穴转移速率大于电子转移速率。配合物 2-1 的 $\lambda_{electron}$ 与 λ_{hole} 的差值（0.04）比其他配合物的小，这样可以大大地提高电荷转移平衡，从而进一步提高 OLEDs 的性能。这些性质对于新颖 OLEDs 材料的发现具有重要意义。

2.2.4 甲醇溶液中的吸收光谱

2.2.4.1 激发能

表 2-3 给出了在甲醇溶液中 5 种配合物的吸收光谱数据，其中包括跃迁能、振子强度，具有最大组态相互作用 CI 系数的激发组态、跃迁性质归属以及配合物 2-1~配合物 2-3 的吸收光谱实验值。为了能够形象地表示跃迁过程，图 2-2 给出了吸收跃迁中所涉及的分子轨道能量，图 2-3 为最低吸收涉及的轨道图。

表 2-3　TD-DFT 计算得到的 5 种配合物在甲醇溶液中的单重态吸收光谱数据

配合物编号	跃迁类型	| CI |	E/eV(nm)	振子强度	跃迁性质	λ_{exp}/nm
	H-1→L	0.66568 (89%)	2.73 (455)	0.0648	MLCT/LLCT	
2-1	H-4→L	0.67456 (91%)	3.90 (318)	0.1004	MLCT/LLCT/ILCT	383
	H→L+3	0.41129 (34%)	5.07 (244)	0.0435	MLCT/LLCT/ILCT	
	H-1→L	0.67431 (91%)	2.92 (425)	0.0776	MLCT/LLCT	
2-2	H-4→L	0.67425 (91%)	4.03 (308)	0.1218	MLCT/LLCT/ILCT	354
	H-2→L+3	0.33951 (23%)	5.07 (244)	0.0380	MLCT/LLCT/ILCT	

配合物编号	跃迁类型	｜CI｜	E/eV(nm)	振子强度	跃迁性质	λ_exp/nm
2-3	H-1→L	0.67543 (91%)	2.94 (421)	0.0879	MLCT/LLCT	364
	H-4→L	0.67501 (91%)	4.04 (307)	0.1338	MLCT/LLCT/ILCT	
	H→L+3	0.45118 (41%)	5.07 (244)	0.0528	MLCT/LLCT/ILCT	
2-4	H-1→L	0.66808 (89%)	2.62 (473)	0.0951	MLCT/LLCT	
	H-4→L	0.66789 (89%)	3.70 (335)	0.1761	MLCT/LLCT/ILCT	
	H-1→L+7	0.32038 (21%)	5.63 (220)	0.1163	MLCT/LLCT/ILCT	
	H-11→L	0.27320 (15%)			MLCT/LLCT/ILCT	
2-5	H-1→L	0.65517 (86%)	2.40 (517)	0.0794	MLCT/LLCT	
	H-4→L	0.6616 (87%)	3.54 (350)	0.1435	MLCT/LLCT/ILCT	
	H-13→L	0.29222 (17%)	5.39 (229)	0.0784	ILCT	
	H-7→L+1	0.28836 (17%)			ILCT	

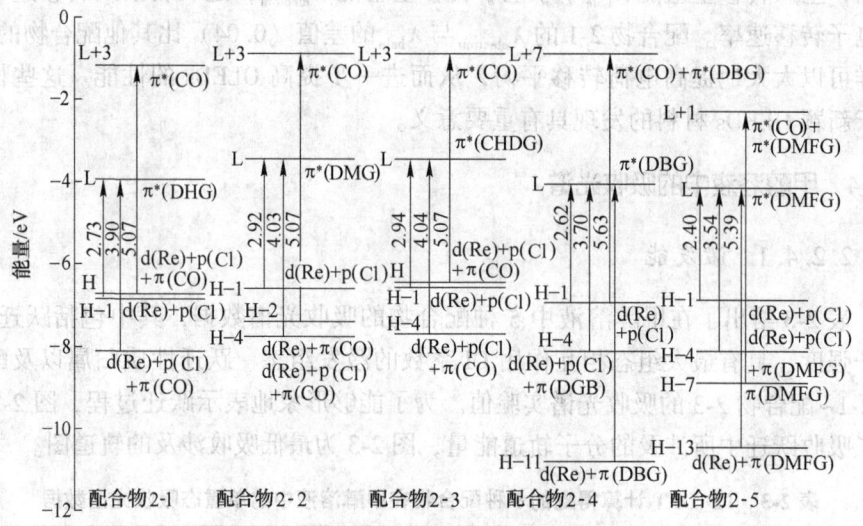

图 2-2 配合物的吸收光谱跃迁轨道能量图

从图 2-3 可知，配合物 2-1 的最低能单重态吸收为 2.73eV(455nm)，是由激发组态 HOMO-1 → LUMO 贡献的。根据对前线轨道成分的讨论可知，HOMO-1 轨道是由 21.2% d_{xy}(Re)、6.7% π(CO) 和 46.1% p(Cl) 构成的，而 LUMO 轨道主要是由 78.3% 的 π*(DHG) 贡献的，所以此吸收被指认为 ［d_{xy}(Re) + p(Cl)］ → ［π*(DHG)］跃迁引起的，具有金属到配体 (MLCT)、配体之间 (LLCT) 的混合属性。实验上测得配合物 2-1 的最低吸收峰 383nm 也归属于

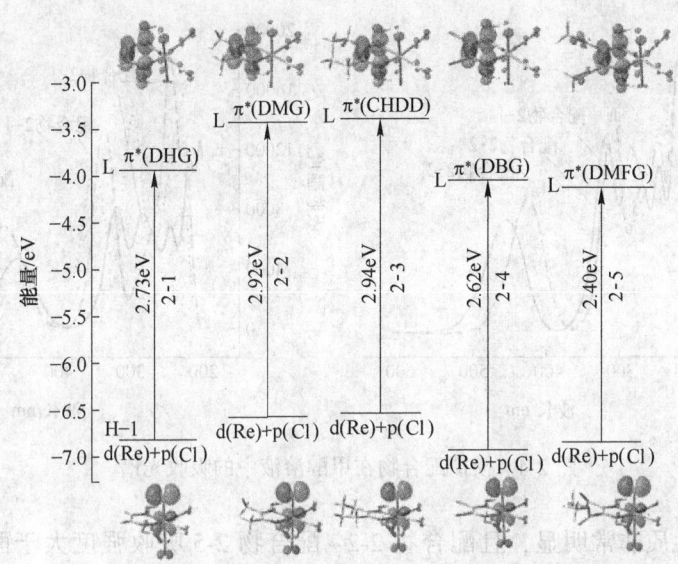

图 2-3　配合物的吸收光谱跃迁轨道图

MLCT，和计算结果一致。配合物 2-2～配合物 2-5 的最低吸收光谱分别在 425nm（2.92eV）、421nm（2.94eV）、473nm（2.62eV）和 517nm（2.40eV）处，表现出与配合物 2-1 相似的跃迁性质（$[d_{xz}(Re) + p(Cl)] \rightarrow [\pi^*(N^N)]$）。

　　5 种配合物较低吸收峰分别在 318nm、308nm、307nm、335nm 和 350nm，是由 H-4 → L 的跃迁贡献的，具有 MLCT、LLCT 和 ILCT（配体内部跃迁）的混合性质。配合物 2-1～配合物 2-3 的最高吸收峰均在 244 nm 附近，而配合物 2-4、配合物 2-5 的分别在 220nm 和 229nm 处。其中，配合物 2-1～配合物 2-4 的吸收具有 MLCT/LLCT/ILCT 的混合属性，而配合物 2-5 主要是具有 ILCT 的性质。

2.2.4.2　取代基对吸收光谱的影响

　　比较配合物 2-2～配合物 2-5 与配合物 2-1 的吸收光谱可以看出，N^N 配体上的取代基对激发能和光谱性质有不同程度的影响。供电子基团 2-1 使激发能增加，光谱发生蓝移的顺序为：配合物 2-1（455nm）>配合物 2-2（425nm）>配合物 2-3（421nm），见图 2-4。与之相反，吸电子基团导致激发能减小，而光谱红移的顺序为配合物 2-5（517nm）>配合物 2-4（473nm）>配合物 2-1（455nm）。Re(I) 吡啶配合物也有类似的结论，N^N 配体上的供电子基—CH₃ 使 LUMO 轨道的能量增加，导致 HOMO–LUMO 能隙增加，从而使吸收和发射光谱蓝移；而吸电子基—Br 和—COOCH₃ 使 LUMO 轨道的能量减少，导致能隙减小，光谱发生红移。

　　较低能吸收波长的变化趋势和最低吸收光谱的变化相似。另外，在低能区域

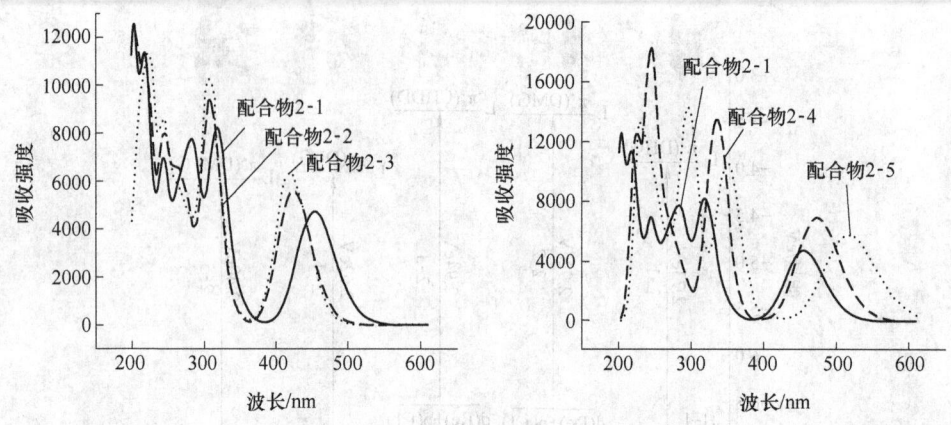

图 2-4　模拟配合物在甲醇溶液中的吸收光谱

MLCT 跃迁性质非常明显，且配合物 2-2～配合物 2-5 吸收强度大于配合物 2-1。因此，配合物中金属和不同取代基的影响使跃迁过程可以发生，并且可以提高量子发光效率。

2.2.4.3　溶剂对吸收光谱的影响

不同的溶剂由于极性不同可能引起激发能的不同。一般情况下，溶剂对单核配合物的影响比对双核配合物的影响大[18]。因此，有必要讨论改变溶剂对配合物吸收光谱的影响。

利用 PCM 模型计算了配合物 2-1 在甲醇、丙酮、氯仿、甲苯以及环己烷中的吸收光谱。从图 2-5 中可以看出，随着溶剂极性的减小，最低吸收峰发生红移。配合物 2-2～配合物 2-5 在不同溶剂中的变化规律和配合物 2-1 相似（见表 2-4）。

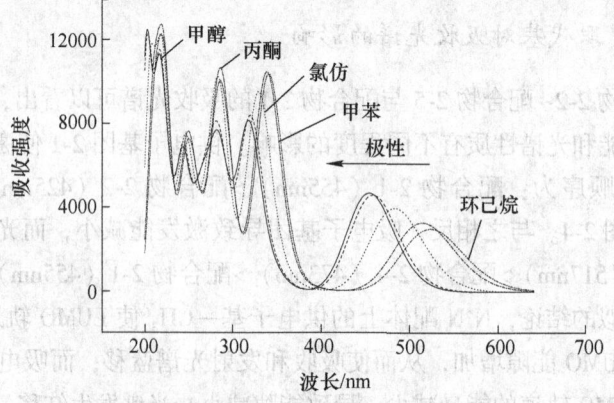

图 2-5　配合物 2-1 在不同溶剂中的吸收光谱

表 2-4　配合物在不同溶剂中的最低吸收光谱波长

溶剂		CH_3OH	CH_3COCH_3	CH_3Cl	$C_6H_5CH_3$	C_6H_{12}
极性		6.6	5.4	4.4	2.4	0.1
波长/nm	2-1	454	458	484	514	523
	2-2	425	429	448	472	480
	2-3	421	426	446	472	479
	2-4	473	479	501	530	538
	2-5	516	522	543	570	577

Kamlet 和 Taft 提出的公式可以解释溶剂化作用对吸收和发射光谱的影响[19]：

$$\bar{\nu} = \bar{\nu}_0 + a\alpha + b\beta + p(\pi^* + d\delta)$$

式中，$\bar{\nu}_0$ 为在指定溶剂中吸收或发射光谱的频率；α 为溶剂提供氢键的能力；β 为溶剂接受氢键的能力；π^* 为溶剂的极性；δ 为对溶剂极性的修正。参数 a，b，p 和 d 可以通过在不同溶剂中多参数设定求出。配合物 2-2～配合物 2-5N^N 配体上的取代基加强了对溶剂的敏感性，在不同溶剂中的变化规律与配合物 2-1 相似。同一溶剂中，供电子基使吸收光谱发生蓝移，吸电子基使之发生红移。

2.2.5　三重激发态结构和在甲醇溶液中的发射光谱

利用 CIS 方法优化 5 种配合物的最低三重态结构，部分几何参数列于表 2-5 中。和基态结构相比，激发态的键长、键角都有微小的变化，且 5 种配合物的变化趋势是相同的。所有的 Re—C 和 Re—N 的键长都变长，所有的键角都变小，这是由于电子从 HOMO－1 轨道激发到 LUMO 轨道所导致的。另外，N(1)—C(4)、N(2)—C(5) 键变长而 C(4)—C(5) 键变短。计算得到的配合物发射光谱的有关数据列于表 2-6 中。发射跃迁中所涉及的轨道成分列于表 2-7 中。

表 2-5　利用 CIS 方法优化 5 种配合物的最低三重态结构的部分几何参数

键参数		2-1	2-2	2-3	2-4	2-5
		T_1				
键长/Å	Re—C(1)	1.965	1.965	1.966	1.969	1.965
	Re—C(2)	1.965	1.968	1.966	1.969	1.956
	Re—C(3)	1.943	1.938	1.941	1.946	1.940
	Re—N(1)	2.188	2.161	2.175	2.175	2.219
	Re—N(2)	2.188	2.161	2.170	2.175	2.238
	Re—Cl	2.552	2.570	2.556	2.549	2.567
	N(1)—C(4)	1.386	1.442	1.39	1.387	1.424
	C(4)—C(5)	1.366	1.409	1.38	1.378	1.426

键参数		2-1	2-2	2-3	2-4	2-5
		T₁				
键角/(°)	N(1)—Re—N(2)	72.3	70.1	71.8	71.4	69.9
	Cl—Re—N(1)	83.4	80.5	84.1	83.7	80.9

表 2-6　TD-DFT 计算得到的配合物在甲醇溶液中的发射光谱

配合物编号	跃迁类型	E_{cal}/eV	λ_{cal}/nm	跃迁性质
2-1	L→H-1	2.04	608	$[\pi^*(DHG)] \to [d(Re)+p(Cl)]$ (^{3}MLCT/^{3}LLCT)
2-2	L→H-1	1.88	659	$[\pi^*(DMG)] \to [d(Re)+p(Cl)]$ (^{3}MLCT/^{3}LLCT)
2-3	L→H-1	2.21	562	$[\pi^*(CHDG)] \to [d(Re)+p(Cl)]$ (^{3}MLCT/^{3}LLCT)
2-4	L→H-1	1.76	706	$[\pi^*(DBG)] \to [d(Re)+p(Cl)]$ (^{3}MLCT/^{3}LLCT)
2-5	L→H-3	1.61	780	$[\pi^*(DMFG)] \to [d(Re)+p(Cl)+\pi(DMFG)]$ (^{3}MLCT/^{3}LLCT/^{3}ILCT)
	L→H-2			$[\pi^*(DMFG)] \to [d(Re)+p(Cl)+\pi(CO)]$ (^{3}MLCT/^{3}LLCT)

表 2-7　配合物在甲醇溶液中的发射光谱涉及的分子轨道成分

轨道		能量/eV	键型	分子轨道分布/%	CO	DHG	Cl
2-1	56	-1.0072	$\pi^*(DHG)$	4.5($1.4d_{yz}+1.0d_{x^2-y^2}$)		82.2	1.8
	54	-9.3133	$d(Re)+p(Cl)$	52.9($1.3d_{x^2-y^2}+41.8d_{xy}$)	9.5	2.3	24.1
2-2	64	-0.9256	$\pi^*(DMG)$	1.1		75.7	
	63	-8.8438	$d(Re)+\pi(DMG)+\pi(CO)$	47.7($1.5d_{xz}+36.2d_{yz}+1.4d_{z^2}$)	9.7	18.9	8.4
	62	-9.1196	$d(Re)+p(Cl)$	56.3($40.4d_{xz}+2.6d_{yz}+3.4d_{z^2}$)	11.5	2.9	16.7
	61	-9.6060	$d(Re)$	59.8($59.8d_{x^2-y^2}$)			7.2
2-3	71	-0.5565	$\pi^*(CHDG)$	2.7		78.8	1.6
	69	-9.0097	$d(Re)+p(Cl)$	54.3($44.2d_{xz}$)	10.9	2.9	21.6
2-4	62	-1.5004	$\pi^*(DBG)$	4.0($2.74d_{x^2-y^2}$)		76.5	1.3
	60	-9.4724	$d(Re)+p(Cl)$	51.9($41.7d_{xz}$)	9.4	3.4	21.4
2-5	86	-2.0615	$\pi^*(DMFG)$	1.1		75.5	
	83	-10.0917	$d(Re)+p(Cl)$	59.8($47.8d_{x^2-y^2}+12.0d_{yz}$)		4.7	7.0
	82	-10.9793	$d(Re)+p(Cl)+\pi(DMFG)$	8.3($8.3d_{x^2-y^2}$)		60.9	15.5

　　从表 2-6 中可以看出，配合物 2-1 ~ 配合物 2-4 的发射谱分别在 608nm、

659nm、562nm 和 706nm 处，均是来自于激发组态 LUMO → HOMO-1 贡献的。配合物 2-1 的 LUMO 主要是由 π^*(N^N) 贡献的，轨道 H-1 是由 52.9% d(Re) 和 24.1% p(Cl) 所构成的，因此 2-1 的发射谱可以被指认为具有 ^{3}MLCT/^{3}LLCT 混合性质的跃迁 $[\pi^*(DHG)] \rightarrow [d(Re) + p(Cl)]$。而前面讨论的最低吸收光谱也是源自 MLCT/LLCT 性质的跃迁，因此这些发射谱应该是最低能吸收的反过程[20]。

利用 PCM 模型研究了甲醇、丙酮、氯仿、苯、四氯甲烷以及环己烷对配合物 2-1 发射光谱的影响（见表 2-8）。计算结果表明，随着溶剂极性的减小，发射光谱发生红移。配合物 $[Re(4, 4'-(COOEt)_2-2, 2'-bpy)(CO)_3py]PF_6$（bpy = 联吡啶，py = 吡啶）[21] 的发射光谱也有类似的变化趋势，而配合物 $[ReX(CO)_3(R_2bpy)]$（R = H，$t-$Bu；X = Cl⁻，OTf⁻，C≡C）的变化趋势与之相反。

表 2-8 配合物 2-1 在不同溶剂中的发射光谱

溶剂	CH₃OH	CH₃CN	CH₃COCH₃	CCl₃	C₆H₆	CCl₄	C₆H₁₂
极性	6.6	6.2	5.4	4.4	3.0	1.6	0.1
E/eV	2.04	2.03	2.01	1.91	1.77	1.76	1.74
λ/nm	608	609	615	650	702	703	713

2.3 单齿配体 X 对铼配合物[Re(X)(CO)₃(N^N)]光谱性质的影响

本节内容是用密度泛函理论（DFT）和 TDDFT 深入研究了一系列 Re(Ⅰ) 三羰基混配配合物 Re(X)(CO)₃(N^N)（N^N = 吡啶-2-醛肟；X = —Cl，编号 2-6；X = —CN，编号 2-7；X = —C≡C，编号 2-8）的电子结构和光谱性质。研究的目的在于确定 X 配体的供电能力与光谱的性质，金属参与形成配合物后是否提高发光量子效率以及溶剂化效应对光谱的影响。

2.3.1 计算方法

所有的计算采用高斯 03 程序包。用 DFT 方法优化基态（S₀）和最低三重态（T₁）的结构，基态是用杂化的 PBE（Perdew-Burke-Erzenrhof）[22,23] 方法 PBE1PBE，其中 HF（Hartree-Fock）/DFT 的比例为 1/4，最低三重态是用 UPBE1PBE。以 S₀ 以及 T₁ 的优化结构为基础，用 TD-DFT 方法中的 PBE1PBE 泛函结合极化连续介质模型（PCM），考查了配合物在不同溶液中的吸收和发射光谱性质。TD-DFT 方法中没有考虑自旋轨道耦合的作用，所以不能准确提供精确的激发能[24]，但是仍能提供合理的配合物的光谱性质。与实验值比较可知，对于这些铼配合物使用这种理论计算方法是非常可靠的。

计算中对 Re 原子采用了由 Hay 和 Wadt 提出的 14 价电子准相对论赝势模型并采用 LANL2DZ 基组，其他原子采用 6-31G(d)[25] 基组。为了解释 PBE1PBE 泛函和 LANL2DZ/6-31G(d) 基组对此系列配合物的合理性，以配合物 2-6 为例。附表 6~附表 9 列出了利用不同方法和基组得出的配合物 2-6 的结构参数和激发能。与实验值比较，PBE1PBE 泛函和 LANL2DZ/6-31G(d) 基组能得出满意的结果。

2.3.2　基态结构及前线分子轨道

图 2-6 为经过全优化的 3 个配合物的结构示意图，表 2-9 为 3 个配合物的部分键长数据以及配合物 2-6 的实验数据。从图 2-6 和表 2-9 中的数据可见，3 种配合物均为扭曲的正八面体结构，涉及 Re 的键长键角与典型的 *fac*-[ReX(CO)₃(N^N)] 配合物[26]中的一致。Re—X 键轻微向 N^N 配体倾斜并且 *fac*-Re(CO)₃ 单元的构型几乎是正三棱锥，其中 CO 配体之间的夹角大约为 90°。配合物 2-6 优化后的结构参数与实验值基本一致，其轻微的偏差是由于真实分子为晶体结构。

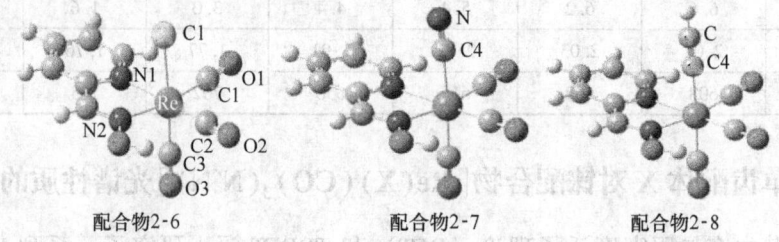

配合物2-6　　　　　　配合物2-7　　　　　　配合物2-8

图 2-6　PBE1PBE 方法优化得到的配合物基态结构图

表 2-9　PBE1PBE 方法计算得到的配合物基态、激发态的主要
几何参数以及配合物 2-6 的实验晶体结构参数

键参数		2-6			2-7		2-8	
		S_0	T_1	实验值	S_0	T_1	S_0	T_1
键长/Å	Re—C(1)	1.926	1.973	1.922	1.927	1.941	1.924	1.966
	Re—C(2)	1.919	1.930	1.939	1.920	1.927	1.916	1.927
	Re—C(3)	1.914	1.945	1.913	1.960	1.968	1.966	2.033
	Re—N(1)	2.185	2.067	2.183	2.192	2.211	2.193	2.176
	Re—N(2)	2.142	2.055	2.154	2.147	2.089	2.143	2.078
	Re—Cl	2.475	2.426	2.481				
	Re—C(4)				2.105	2.099	2.098	2.033

键参数		2-6			2-7		2-8	
		S_0	T_1	实验值	S_0	T_1	S_0	T_1
键角 /(°)	N(1)—Re—N(2)	73.9	72.8	74.0	73.6	74.7	73.5	75.9
	N(1)—Re—Cl	83.1	87.7	82.0				
	N(1)—Re—C(4)				83.6	89.9	84.2	86.8

配合物所涉及的部分分子轨道组成及能量分别列于附表 10~附表 12。通过分析可以发现，三个 HOMO 和 HOMO-1 轨道都具有混合的 Re/CO/L 性质，但各部分对轨道的贡献不同。从附表 10 可以看出，配合物 2-6 的 HOMO 轨道是由 48.3% d(Re)，21.0% π(CO) 和 23.4% p(Cl) 贡献的，配合物 2-8 的 HOMO 轨道的组成与配合物 2-6 相似。至于配合物 2-7，—CN 配体的贡献减少到 8.2%，而金属 Re 和 N^N 配体的比例分别增加到 56.2% 和 11.2%。HOMO-1 轨道的组成变化趋势与 HOMO 相似。因此，可以归纳出 X 配体对 HOMO 与 HOMO-1 轨道组成的贡献的减小顺序为配合物 2-8>配合物 2-6>配合物 2-7，其与 X 配体的 π 电子供电能力减小顺序一致 （—C≡C>—Cl >—CN）。3 种配合物的 HOMO-2 轨道是由超过 67% 的 d(Re) 和 π(CO) 组成的。另外，3 种配合物的 LUMOs 与 LUMO+1s 主要是由 N^N 配体的 π* 反键轨道组成，LUMO+2s 则是由 p(Re)，π*(N^N) 和 π*(CO) 贡献的。

不同的 X 配体对 HOMO 的轨道能量有直接的影响，其减小的顺序为 —C≡C>—Cl >—CN，与 X 配体的 π 电子供电能力减小顺序一致。这也说明相对于配合物 2-6 来说，配合物 2-7 中从金属 d 轨道失去电子较困难，而配合物 2-8 中较容易。计算结果表明，具有强供电能力的 X 配体增加了 HOMO 和 LUMO 轨道的能量，且 HOMO 增加的程度比 LUMO 大，最终导致了较小的 HOMO-LUMO 能隙，从而影响吸收和发射光谱的性质。

2.3.3 电离势 IP、电子亲和势 EA 和重组能 λ

表 2-10 中列出了计算得出的三个配合物的电离势、电子亲和势、重组能、空穴抽取势和电子抽取势，以及自旋密度分布情况。垂直离子势 IP(v) 和绝热离子势 IP(a)，垂直电子亲和势 EA(v) 和绝热电子亲和势 EA(a) 都进行了计算。空穴抽取势是指中性分子和结构优化后的阳离子之间的能量差，电子抽取势是指中性分子和结构优化后的阴离子之间的能量差[27]。从表 2-10 中自旋密度分布可以看出，三个配合物具有相同的性质，都是基于 Re 的氧化和 N^N 配体的还原。离子势 IP 减小的顺序为配合物 2-7>配合物 2-6>配合物 2-8，即空穴形成的难度依次减小，这与 HOMO 轨道能量分析的结果一致。阴离子自旋密度主要分

布在 N^N 配体上（大于90%），但是 EA 的变化相对较小，这与 LUMO 轨道的组成和能量分布的分析结果一致。

表 2-10　配合物的离子势、电子亲和势以及自旋密度分布

配合物编号	IP(v)	IP(a)	HEP	λ_{hole}	自旋密度/%					
					Re	N^N	3CO	Cl	CN	C≡C
2-6	7.82	7.49	7.19	0.63	0.64	0.01	0.08	0.27		
2-7	8.04	7.78	7.49	0.55	0.76	-0.01	0.08		0.17	
2-8	7.27	7.01	6.74	0.53	0.54	-0.02	0.06			0.42

配合物编号	EA(v)	EA(a)	EEP	$\lambda_{electron}$	自旋密度/%					
					Re	N^N	3CO	Cl	CN	C≡C
2-6	1.32	1.59	2.02	0.70	-0.01	0.95	0.04	0.02		
2-7	1.39	1.63	2.11	0.72	-0.01	1.06	-0.06		0.01	
2-8	1.14	1.36	1.58	0.44	-0.02	0.97	0.04			0.01

　　为了衡量电荷转移速度和电荷转移平衡，研究了三种化合物的重组能（λ）。在这里，内能重组能忽略了任何环境的变化，那么空穴转移的重组能可以表示如下[28]：

$$\lambda_{hole} = \lambda_0 + \lambda_+ = (E_0^* - E_0) + (E_+^* - E_+) = IP(v) - HEP$$

　　如图 2-7 所示，E_0 和 E_+ 分别表示具有最低能量结构的中性分子和阳离子的能量，E_0^* 和 E_+^* 表示分别利用离子构型和中性分子构型计算出来的中性分子和离子的能量。类似的，电子转移重组能可以表示为

$$\lambda_{electron} = \lambda_0 + \lambda_- = (E_0^* - E_0) +$$
$$(E_-^* - E_-)$$
$$= EEP - EA(v)$$

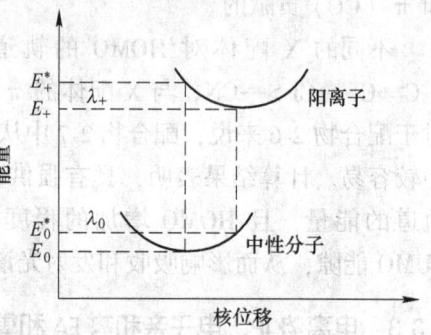

图 2-7　空穴重组能机理图

　　发光材料需要具有空穴或电子形成和传递的平衡，同时有效的电荷传递平衡需要具有低的重组能。从表 2-10 可以看出，配合物 2-6 和配合物 2-7 的 λ_{hole} 值小于 $\lambda_{electron}$，也就是说，空穴传递速度高于电子传递速度。相反，配合物 2-8 具有较小的 $\lambda_{electron}$，因此有较好的电子传递性质。配合物 2-6 和配合物 2-8 的 λ_{hole} 与 $\lambda_{electron}$ 的差值（0.07、0.09）均小于配合物 2-7（0.17），说明配合物 2-7 较大地提高了电荷转移平衡，可以进一步提高 OLEDs 的性能。以上的分析结果表明，不同的 X 配体可以改变配合物的性能。

2.3.4 吸收光谱

表 2-11 给出了在甲醇溶液中 3 种配合物的吸收光谱数据，其中包括跃迁能、振子强度，具有最大 CI 系数的激发组态、跃迁性质归属以及配合物 2-6 的实验值。图 2-8 为它们的吸收谱图。为了能够形象地表示跃迁过程，图 2-9 给出了吸收跃迁中所涉及的分子轨道能量。

表 2-11　TD-DFT 计算得到的配合物在甲醇溶液中的单重态吸收光谱数据

配合物编号	跃迁类型	|CI|	E/eV(nm)	振子强度	跃迁性质	λ_{exp}/nm
2-6	H-1→L	0.679	3.25(382)	0.110	MLCT/LLCT/XLCT	377
	H-4→L	0.560	4.62(268)	0.104	MLCT/ILCT/XLCT	
	H→L+1	0.313			MLCT/LLCT/XLCT	
	H-6→L	0.431	5.57(223)	0.044	MLCT/ILCT/LLCT/XLCT	
	H-3→L+1	0.340			ILCT/XLCT	
2-7	H-1→L	0.658	3.50(354)	0.172	MLCT/LLCT/ILCT	
	H-2→L+2	0.362	4.97(249)	0.144	MLCT/LLCT/ILCT	
	H→L+3	0.301			MLCT/LLCT/ILCT	
	H-9→L	0.347	5.92(210)	0.081	ILCT/LLCT	
	H-7→L	0.245			LLCT/XLCT	
2-8	H-1→L	0.686	2.94(422)	0.079	MLCT/LLCT/XLCT	
	H-4→L	0.469	4.24(292)	0.168	MLCT/LLCT/ILCT/XLCT	
	H→L+1	0.299			MLCT/LLCT/XLCT	
	H-3→L+3	0.346	5.99(207)	0.067	MLCT/LLCT/ILCT	
	H-5→L+1	0.318			ILCT/XLCT	

通过 DFT/PBE1PBE 水平下计算，结合 SCRF 方法中的 PCM 模型，得到的配合物 2-6 在甲醇溶液中吸收光谱数据与实验数据最吻合。从表 2-11 中可以看出，配合物 2-6 可分辨的最低单重态吸收峰在 382nm 处，其是由纯 H-1 → L 激发组态贡献的，轨道 H-1 是由 $(31.2 d_{xz} + 10.0 d_{yz})$ Re，18.1% π(CO) 和 25.1% p(Cl) 所构成的，而 LUMO 主要是由 π^*(N^N) 贡献的 (80.7%)。因此，这个最低能吸收可以被指认为具有金属到配体 (MLCT)、配体内部 (ILCT) 以及配体之间 (LLCT) 的混合性质的跃迁 ($[d_{xz}, d_{yz}$(Re) + π(CO) + p(Cl)] → $[\pi^*$ (N^N)])。类似地，配合物 2-8 的最低吸收峰 (422nm) 有与配合物 2-6 类似的跃迁性质。但是对于配合物 2-7，从上面的前线轨道讨论部分得知，轨道 H-1 几乎没有 X 配体的成分，而是包含 11.2% 的 N^N 成分，因此，配合物 2-7 的 354nm 吸收是由激发组态 H-1→L 所贡献的，并且被指认具有 MLCT/LLCT/ILCT 混合属

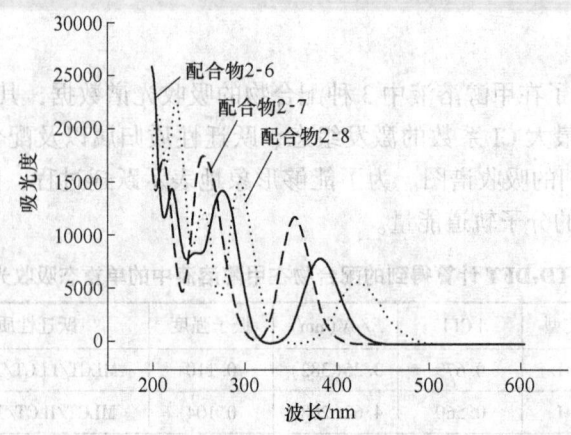

图 2-8　模拟配合物在甲醇溶液中的吸收光谱

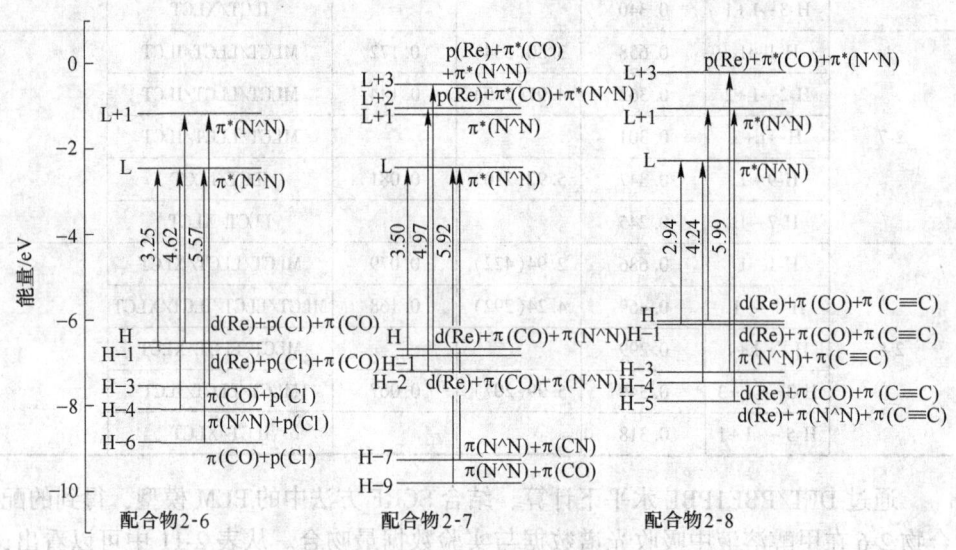

图 2-9　配合物的吸收光谱跃迁轨道能量图

性的跃迁（[d$_{xz}$, d$_{yz}$(Re) + π(CO) + π(N^N)] → [π*(N^N)]）。此外，由于 Re 是轨道 H-1 的主要成分，所以 MLCT 跃迁性质在配合物 2-7 的吸收光谱中占主导地位，且从图 2-8 中看出其吸收强度比配合物 2-6 和配合物 2-8 的大。配合物 2-7 的最低吸收峰实验值（377nm）具有 MLCT 性质，这与计算所得到的吸收光谱无论从性质上还是能量上都吻合得比较好。通过对比 3 个配合物 382nm、354nm、422nm 处的最低能吸收，发现最低能吸收按照配合物 2-7、配合物 2-6、配合物 2-8 的顺序逐渐红移，这与 X 配体的 π 电子吸引能力逐渐升高的趋势是一致的(—CN<—Cl <—C≡C)。

3 个配合物较高的可分辨的吸收分别位于 268nm、249nm 和 292nm。对于配合物 2-6，激发组态 H-4 → L 和 H → L+1 贡献了 268nm 的吸收，且分别被指认为具有 MLCT/ILCT/XLCT 混合属性的跃迁（[d(Re) + π(N^N) + p(Cl)] → [π*(N^N)]）和 MLCT/LLCT/XLCT 混合属性的跃迁（[d(Re) + π(CO) + p(Cl)] → [π*(N^N)]）。配合物 2-8 的 292nm 吸收也是由 H-4 → L 和 H → L+1 两个激发组态所贡献的，分别具有 MLCT/ILCT/LLCT/XLCT 属性（[d(Re) + π(N^N) + π(CO) + π(C≡C)] → [π*(N^N)]）和具有 MLCT/LLCT/XLCT 属性（[d(Re) + π(CO) + π(C≡C)] → [π*(N^N)]）。配合物 2-7 的 249nm 吸收与配合物 2-6、配合物 2-8 的跃迁性质不同，主要由 H-2 → L+2 和 H → L+3 两个激发组态贡献的，由表 2-11 可知具有 MLCT/LLCT/ILCT 混合性质的跃迁（[d(Re) + π(CO) + π(N^N)] → [π*(N^N) + π*(CO)]）。在 200~250nm 处配合物 2-6 的最高能吸收峰主要归属为具有 MLCT/ILCT/LLCT/XLCT 属性的跃迁（[d(Re) + π(CO) + π(N^N) + π(X)] → [π*(CO) + π*(N^N)]），而配合物 2-7 归因于具有 ILCT、LLCT 和 XLCT 性质的跃迁（[π(CO) + π(N^N) + π(X)] → [π*(CO) + π*(N^N)]）。

2.3.5 激发态几何结构以及甲醇溶液中的磷光发射

从表 2-9 的计算结果可以看出，与基态的几何结构相比，激发态的键长、键角都有微小的变化，但是 3 种配合物的变化趋势都是相同的。计算得到的 Re—C 键伸长了而 Re—N 键变短了，这表明配体 CO 在激发态有远离中心铼原子的趋势，而配体 N^N 则是靠近铼原子。这些微小的变化是由于电子从 Re—CO 成键轨道激发到配体 N^N 反键轨道。

利用优化后的三重态结构，计算单重态和三重态的能量差得到配合物在甲醇溶液中的磷光发射能量值，见表 2-12。通过与配合物 ReCl(CO)₃(bpy) 的实验值比较[13]，这种计算磷光发射能的方法比 TDDFT 方法的计算结果更精确。然而，TDDFT 方法仍能提供合理的配合物的光谱性质[12,29]。发射跃迁中所涉及的轨道成分列于表 2-13。对于此 3 种配合物，其磷光发射均是由激发组态 LUMO → HOMO 贡献的。分析可知配合物 2-6 在 696nm 处的磷光发射来自激发态（[d_{yz}(Re) + π(CO) + p(Cl) + π(N^N)][π*(N^N)]），具有 ³MLCT/³LLCT/³XLCT/³ILCT 的属性。配合物 2-8 在 737nm 处的磷光发射具有相同的属性，但是配合物 2-7 的发射却有不同的性质。由表 2-13 可知，配体 CN 在轨道 HOMO 中仅占有 2.5% 的成分，其明显低于其他两种配合物，说明 ³XLCT 在配合物 2-7 的激发态中几乎不起作用。为了更形象、更清晰地描述发射跃迁过程，在图 2-10 中给出了配合物的跃迁电子云密度图。通过对比发现，3 种配合物的 ³XLCT 跃迁所占的比例按配合物 2-7<配合物 2-6<配合物 2-8 的顺序逐渐增加，这正与 X 配体的供电子能力的强弱变化是相同的（—CN < —Cl <—C≡C），这也是配合物 2-6 和配合物 2-8 的发射光谱比配合物 2-7 的发射光谱蓝移的原因。另外，配合物 2-6 和配合物 2-8 的发射光在可见区，而配合物 2-7 已出现在近红外区。实验上并没有对磷光发射的性质做出指认，但是本章的计算工作详细地解释了这一点。

表 2-12　TD-DFT（PBE1PBE）计算得到的配合物在甲醇溶液中的发射光谱

配合物编号	跃迁类型	|CI|	E/eV(nm)	跃迁性质
2-6	L→H	0.731	1.78(696)	³MLCT/³LLCT/³XLCT/³ILCT
2-7	L→H	0.529	0.54(2313)	³MLCT/³LLCT/³ILCT
2-8	L→H	0.693	1.68(737)	³MLCT/³LLCT/³XLCT/³ILCT

表 2-13　配合物在甲醇溶液中的磷光发射跃迁涉及的分子轨道成分

轨道		能量/eV	分子轨道分布/%				主 要 键 型
			Re	N^N	CO	X	
配合物 2-6	L	-2.8307		76.9			π^*(N^N)
	H	-6.1847	42.8	19.7	16.6	18.9	d_{yz}(Re) + p(Cl) + π(CO) + π(N^N)
配合物 2-7	L	-3.5442		87.0			π^*(N^N)
	H	-6.2628	26.1	57.4	12.2	2.5	d_{yz}(Re) + π(N^N) + π(CO)
配合物 2-8	L	-2.6387		77.4			π^*(N^N)
	H	-5.6826	41.5	12.2	17.1	26.4	d_{yz}(Re) + π(C≡C) + π(CO) + π(N^N)

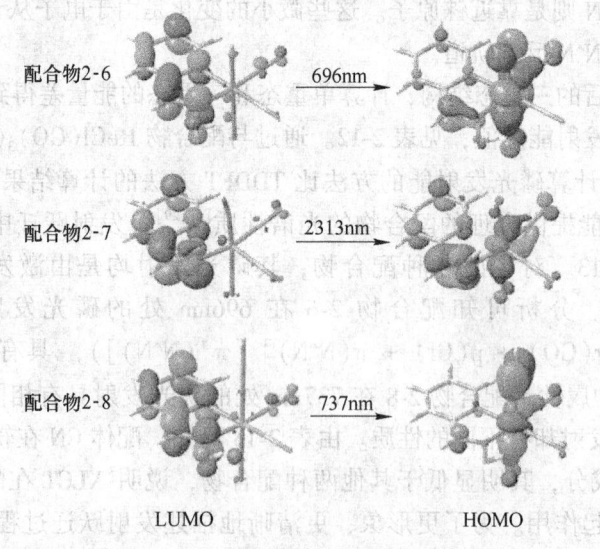

配合物2-6　→696nm

配合物2-7　→2313nm

配合物2-8　→737nm

LUMO　　　　　　　　　HOMO

图 2-10　配合物的发射跃迁轨道图

2.3.6 溶剂化作用对吸收和发射光谱的影响

利用 PCM 模型，不同溶剂对配合物 2-6 和配合物 2-8 的吸收和发射能的影响列于表 2-14 中。从表 2-14 中可以看出，随着溶剂的极性减小，吸收和发射光谱均有明显的红移。这种变化趋势与溶剂化作用对配合物 $[Re(R_2bpy)(CO)_3X]$ ($R = H$, t-Bu；$X = Cl^-$, OTf^-, $C≡C$) 的影响不同[18]（这类配合物的吸收光谱随着极性的减小发生红移，而发射光谱则是蓝移）。这个变化规律将会对以后的实验工作提供有用的帮助。

表 2-14 配合物 2-6 和配合物 2-8 在不同溶剂中的吸收和发射光谱数据

溶剂	CH_3OH	CH_3COCH_3	$CHCl_3$	$C_6H_5CH_3$	C_6H_{12}
极性	6.6	5.4	4.4	2.4	0.1
λ_{ex}(配合物 2-6)/nm	382	385	404	429	437
λ_{ex}(配合物 2-8)/nm	422	428	450	478	485
λ_{em}(配合物 2-6)/nm	696	701	716	735	742
λ_{em}(配合物 2-8)/nm	737	743	762	792	802

2.4 小结

本章研究了不同配体 N^N 和 X 对配合物 $[ReX(CO)_3(N^N)]$ 光谱性质的影响。一个体系是通过 DFT、CIS 和 TDDFT 方法对含有不同配体 N^N 的五种铼配合物的基态、激发态、吸收和发射光谱进行了研究。通过计算 IP、EA 和轨道能量发现，N^N 配体上的供电子基增加了 LUMO 轨道的能量，导致 HOMO-LUMO 能隙的增加，从而吸收光谱发生蓝移；吸电子基的影响与之相反。重组能计算表明，带有供电子基的配合物有较好的电荷转移能力，可以提高发光性能。另外，利用 PCM 模型研究了不同溶剂对光谱的影响。随着极性的减小，吸收和发射光谱均发生红移，并且极性越小，红移的越明显。

另一个体系是从理论上对三个铼配合物 $ReX(CO)_3(N^N)$（N^N = 吡啶-2-醛肟；X = —Cl, —CN, —C≡C）的几何结构、电子结构、吸收以及发射光谱进行了系统深入地研究。具有较强供电能力的 X 配体明显增加了 HOMO 轨道的能量，最终导致 HOMO-LUMO 能隙的减小。对于配合物 2-6 和配合物 2-8 来说，λ_{hole} 和 $\lambda_{electron}$ 的差值较小，说明可以提高电荷转移平衡，从而进一步提高 OLEDs 的性能。吸收能增加的顺序与 X 配体的吸电子能力增强的顺序是一致的，并且在配合物 2-7 中 MLCT 跃迁起着重要作用。发射光谱的研究结果表明，^{3}XLCT 跃迁所占的成分按照配合物 2-7<配合物 2-6<配合物 2-8 的顺序增加，与 X 配体供电子能

力的变化顺序一致，并且配合物 2-6 和配合物 2-8 相对于配合物 2-7 来说发生蓝移。随着溶剂极性的减小，吸收和发射光谱均发生红移。

参 考 文 献

[1] LO K K W, TSANG K H K, SZE K S. Utilization of the highly environment-sensitive emission properties of rhenium（Ⅰ）amidodipyridoquinoxaline biotin complexes in the development of biological probes [J]. Inorg. Chem. , 2006, 45: 1714~1722.

[2] HORI H, JOHNSON F P A, KOIKE K, et al. Photochemistry of [Re(bipy)(CO)₃(PPh₃)]⁺ (bipy = 2, 2′-bipyridine) in the presence of triethanolamine associated with photoreductive fixation of carbon dioxide: participation of a chain reaction mechanism [J]. J. Chem. Soc. , Dalton Trans, 1997（6）: 1019~1024.

[3] WALTERS K A, KIM Y J, HUPP J T. Experimental studies of light-induced charge transfer and charge redistribution in（X₂-Bipyridine）ReI(CO)₃Cl complexes [J]. Inorg. Chem. , 2002, 41: 2909~2919.

[4] HOWELL S L, SCOTT S M, FLOOD A H, et al. The effect of reduction on rhenium（Ⅰ）complexes with binaphthyridine and biquinoline ligands: A spectroscopic and computational study [J]. J. Phys. Chem. A, 2005, 109: 3745~3753.

[5] MACHURA B, JAWORSKA M, LODOWSKI P, et al. Synthesis, spectroscopic characterization, X-ray structure and DFT calculations of [Re(CO)₃L₂Cl] (L = 1,2,4-triazolo- [1,5-a] pyrimidine) [J]. Polyhedron, 2009, 28: 2571~2578.

[6] MACHURA B, KRUSZYNSKI R, JAWORSKA M, et al. Tricarbonyl rhenium complexes of bis (pyrazol-1-yl) methane and bis (3, 5-dimethylpyrazol-1-yl) methane-Synthesis, spectroscopic characterization, X-ray structure and DFT calculations [J]. Polyhedron, 2008, 27: 1767~1778.

[7] LINDER K E, MALLEY M F, GOUGOUTAS J Z, et al. Neutral, seven-coordinate dioxime complexes of technetium（Ⅲ）: synthesis and characterization [J]. Inorg. Chem. , 1990, 29: 2428~2434.

[8] LINDER K E, WEN M D, NOWOTNIK D P, et al. Technetium labeling of monoclonal antibodies with functionalized BATOs: 2. TcCl(DMG)₃PITC Labeling of B72. 3 and NP-4 Whole Antibodies and NP-4 F(ab′)₂ [J]. Bioconjugate Chem. , 1991, 2: 407~414.

[9] COSTA R, BAONE N, GORCZYCKA C, et al. Dioxime and pyridine-2-aldoxime complexes of Re(CO)³⁺ [J]. J. Organomet. Chem. , 2009, 694: 2163~2170.

[10] FRISCH M J, etc. Gaussian 03, revision C. 02; Gaussian, Inc. : Wallingford, CT, 2004.

[11] GABRIELSSON A, MATOUSEK P, TOWRIE M, et al. Excited states of nitro-polypyridine metal complexes and their ultrafast decay. Time-resolved IR absorption, spectroelectrochemistry, and TD-DFT calculations of fac- [Re(Cl)(CO)₃(5-Nitro-1, 10-phenanthroline)] [J]. J. Phys. Chem. A, 2005, 109: 6147~6153.

[12] LI X N, LIU X J, WU Z J, et al. DFT/TDDFT studies on the electronic structures and spectral properties of rhenium (I) pyridinybenzoimidazole complexes [J]. J. Phys. Chem. A, 2008, 112: 11190~11197.

[13] LI Y, REN A M, FENG J K, et al. Theoretical studies of ground and excited electronic states in a series of halide rhenium (I) bipyridine complexes [J]. J. Phys. Chem. A, 2004, 108: 6797~6808.

[14] MACHURA B, KRUSZYNSKI R, KUSZ J. A novel tricarbonyl rhenium complex of 2-thienyl-N, N-bis (2-thienylmethylene) methanediamine - X-ray structure, spectroscopic characterisation and DFT calculations [J]. Polyhedron, 2007, 26: 2543~2549.

[15] TURKI M, DANIEL C, STUFKENS D J. UV-Visible absorption spectra of [Ru(E)(E')(CO)$_2$(iPr-DAB)] (E = E' = SnPh$_3$ or Cl; E = SnPh$_3$ or Cl, E' = CH$_3$; iPr-DAB = N, N'-Di-isopropyl-1, 4-diaza-1, 3-butadiene): Combination of CASSCF/CASPT2 and TD-DFT calculations [J]. J. Am. Chem. Soc. , 2001, 123: 11431~11440.

[16] HAY P. Theoretical studies of the ground and excited electronic states in cyclometalated phenylpyridine Ir (III) complexes using density functional theory [J]. J. Phys. Chem. A, 2002, 106: 1634~1641.

[17] MARCUS R A. Electron transfer reactions in chemistry. Theory and experiment [J]. Rev. Mod. Phys. , 1993, 65: 599~610.

[18] RODRIGUEZ L, FERRER M, ROSSELL O, et al. Solvent effects on the absorption and emission of [Re(R$_2$bpy)(CO)$_3$X] complexesand their sensitivity to CO$_2$ in solution [J]. J. Photoch. Photobio. A: Chem. , 2009, 204: 174~182.

[19] KAMLET M J, TAFT R W. The solvatochromic comparison method. I. Thebeta. -scale of solvent hydrogen-bond acceptor (HBA) basicities [J]. J. Am. Chem. Soc. , 1976, 98: 377~383.

[20] YANG G C, SU T, SHI S Q, et al. Theoretical study on photophysical properties of phenolpyridyl boron complexes [J]. J. Phys. Chem. A, 2007, 111: 2739~2744.

[21] GAO Y L, SUN S G, HAN K L. Electronic structures and spectroscopic properties of rhenium (I) tricarbonylphotosensitizer: [Re(4, 4'-(COOEt)2-2, 2'-bpy)(CO)$_3$py] PF$_6$ [J]. Spectrochim. Acta. Part A, 2009, 71: 2016~2022.

[22] PERDEW J P, BURKE K, ERNZERHOF M. Generalized gradient approximation made simple [J]. Phys. Rev. Lett. , 1996, 77: 3865~3868.

[23] ADAMO C, BARONE V. Toward reliable density functional methods without adjustable parameters: The PBE0 model [J]. J. Chem. Phys. , 1999, 110: 6158~6170.

[24] SHI L L, LIAO Y, ZHAO L, et al. Theoretical studies on the electronic structure and spectral properties of versatile diarylethene-containing 1, 10-phenanthroline ligands and their rhenium (I) complexes [J]. J. Organemet. Chem. , 2007, 692: 5368~5374.

[25] GABRIELSSON A, MATOUSEK P, TOWRIE M, et al. Excited states of nitro-polypyridine metal complexes and their ultrafast decay. Time-Resolved IR absorption, spectroelectrochemistry, and TD-DFT calculations of fac-[Re(Cl)(CO)$_3$(5-Nitro-1, 10-phenanthroline)] [J]. J.

Phys. Chem. A, 2005, 109: 6147~6153.

[26] BUSBY M, LIARD D J, MOTEVALL M, et al. Molecular structures of electron-transfer active complexes ［Re(XQ⁺)(CO)₃(NN)］²⁺ (XQ⁺=N-Me-4, 4'-bipyridinium or N-Ph-4, 4'-bipyridinium; NN=bpy, 4, 4'-Me2-2, 2'-bpy or N, N'-bis-isopropyl-1, 4-diazabutadiene) in the solid state and solution: an X-ray and NOESY NMR study ［J］. Inorg. Chim. Acta., 2004, 357: 167~176.

[27] RAN X Q, FENG J K, WONG W Y, et al. Theoretical study on photophysical properties of angular-shaped mercury (Ⅱ) bis (acetylide) complexes as light-emitting materials ［J］. Chem. Phys., 2010, 368: 66~75.

[28] HUTCHISON G R, RATNER M A, MARKS T J. Hopping transport in conductive heterocyclic oligomers: reorganization energies and substituent effects ［J］. J. Am. Chem. Soc., 2005, 127: 2339~2350.

[29] RODRÍGUEZ A M B, GABRIELSSON A, MOTEVALLI M, et al. Ligand-to-diimine/metal-to-diimine charge-transfer excited states of ［Re(NCS)(CO)₃(α-diimine)］(α-diimine = 2, 2'-bipyridine, di-iPr-N, N-1, 4-diazabutadiene). A spectroscopic and computational study ［J］. J. Phys. Chem. A, 2005, 109: 5016~5025.

3 含邻菲罗啉配体的铼（I）配合物的发光性质

3.1 引言

自 1974 年 Wrighton 和 Morse 描述了 [ReCl(CO)₃(phen)]（phen = 1,10-邻菲罗啉）的光物理性质后，α,α′-二亚胺类铼（I）三羰基配合物作为电致发光材料引起了人们的极大关注[1]。这类配体物的合成方法相对简单，使得它们成为了进一步研究的理想选择。同时，phen 配体因为刚性平面结构、缺电子性、易引入各种官能团和良好的化学稳定性被广泛研究。由于这类配合物的发射态能量和激发态的氧化还原性质对周围配体和环境（如温度和溶剂）较敏感，所以可以通过改变以上因素来调控它们的光物理和光化学性质[2~6]。

到目前为止，在设计新的环金属配体和配体上引入不同的取代基方面已有大量的理论研究。例如，Striplin 和 Crosby 研究了 [ReCl(CO)₃(phen)] 的光物理性质及在 phen 配体上引入甲基后产生的复杂磷光峰[7]。Thorp-Greenwood 等人合成并从理论方面研究了 5 个含有共轭程度大的聚吡啶配体的铼三羰基配合物的光物理性质，解释了随着配体从联吡啶到邻菲罗啉的改变，即共轭程度加大后，配合物的吸收光谱如预期的一样发生了红移，但是发射峰却发生了蓝移[8]。另外，2,4,5-三苯基咪唑（通常被称为"洛粉碱"）由于其化学发光特性也被大量地研究。例如，熔融的咪唑 [4,5-f]-1,10-邻菲罗啉可作为吸收可见光的钌（II）配合物的合成配体[9]。最近，Bonello 和同事们已合成一系列以此配体为母体的新发光配体，并且报道了这类配体的荧光可以通过改变溶剂来调节，以及它们相应的铼（I）三羰基配合物的合成、特征及结构[10]。然而，针对这类配合物的理论研究还未报道。

基于以上情况，本章中的研究内容是以 Bonello 等人合成的 fac-[ReBr(CO)₃(R₁,R₂,R₃—N^N)]（R₁ = —ᵗBu, R₂ = R₃ = —H）为母体，设计了含相同咪唑 [4,5-f]-1,10-邻菲罗啉配体但取代基不同（—C≡C，—CH₃，—OCH₃）的 6 个铼（I）三羰基配合物（如图 3-1 所示）。采用 DFT 和 TDDFT 对它们的电子结构和光谱性质进行研究。具体内容有基态结构的优化、电子结构、吸收光谱、电子亲和势、电离势和重组能。研究目的是理解这类铼（I）三羰基配合物配

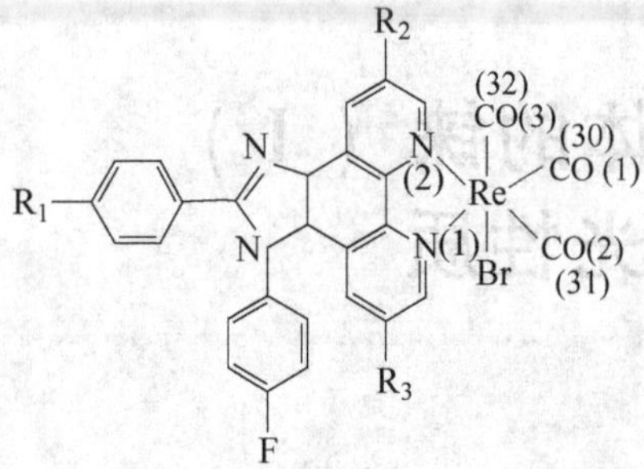

配合物3-1：R_1=—^{t}Bu　R_2=R_3=—H
配合物3-2：R_1=—C≡CH　R_2=R_3=—H
配合物3-3：R_1=—^{t}Bu　R_2=—C≡CH　R_3=—H
配合物3-4：R_1=—^{t}Bu　R_2=R_3=—C≡CH
配合物3-5：R_1=—^{t}Bu　R_2=—CH_3　R_3=—H
配合物3-6：R_1=—^{t}Bu　R_2=R_3=—CH_3
配合物3-7：R_1=—^{t}Bu　R_2=—OCH_3　R_3=—H

图 3-1　配合物结构

体上引入供电子能力不同的取代基对其结构及光物理性质的影响。

3.2　计算方法

量子化学计算已被证实是计算过渡金属配合物基态和激发态的结构和电子性质最具潜力的方法之一。选择合适的计算方法和基组对预测过渡金属配合物的电子性质是很重要的。在本章中，所有的计算都是在 Gaussian03 软件包进行的。配合物 3-1 ~ 配合物 3-7 的基态结构优化采用的是 DFT，杂化的 PBE 方法（PBE1PBE），其中 Hartree-Fork/DFT 的比例是 1/4。Re 原子采用赝势基组 LANL2DZ，而其他原子采用 6-31G (d) 基组。

为了确定所选泛函和基组是否合理，附表 13 ~ 附表 15 列出了不同方法和基组得到的配合物 3-1 基态结构参数和最低能量吸收峰值及相应的实验值[10]。与配合物 3-1 的实验值相比，最终选择 PBE1PBE 泛函和 LANL2D/6-31G (d) 基组进行计算。在优化的 S_0结构上，用 TDDFT 方法中的 PBE1PBE 泛函结合 PCM 模型计算了 7 种配合物在氯仿（$CHCl_3$）溶液中的吸收光谱性质。前线分子轨道组分可视图是在 Gauss View 3. 09 软件中处理得到的。

3.3　结果与讨论

3.3.1　基态结构

基态结构都是在气相中优化的，且通过频率计算确定了优化结构的稳定性，即所有的构型都不存在虚频。图 3-2 是配合物优化后的 S_0结构图。配合物优化结构后选择的部分键长、键角及配合物 3-1 相应的实验值列于表 3-1。

由图 3-2 可知，这 7 个配合物的基态几何结构相似，都是由铼原子周围的 N^N配体（N^N = [4,5-*f*]- 1,10-邻菲罗啉）、三个羰基配体和溴原子形成的扭曲八面体构型。在 N^N 配体上引入不同的取代基（数目和位置不同）对配合物的结构影响不明显。通过对比表 3-1 所列的数据可以看出，配合物 3-1 的计算值和实验值几乎一致，它们的键长和键角数值都属于典型的 Re(Ⅰ) 三羰基二亚胺类配

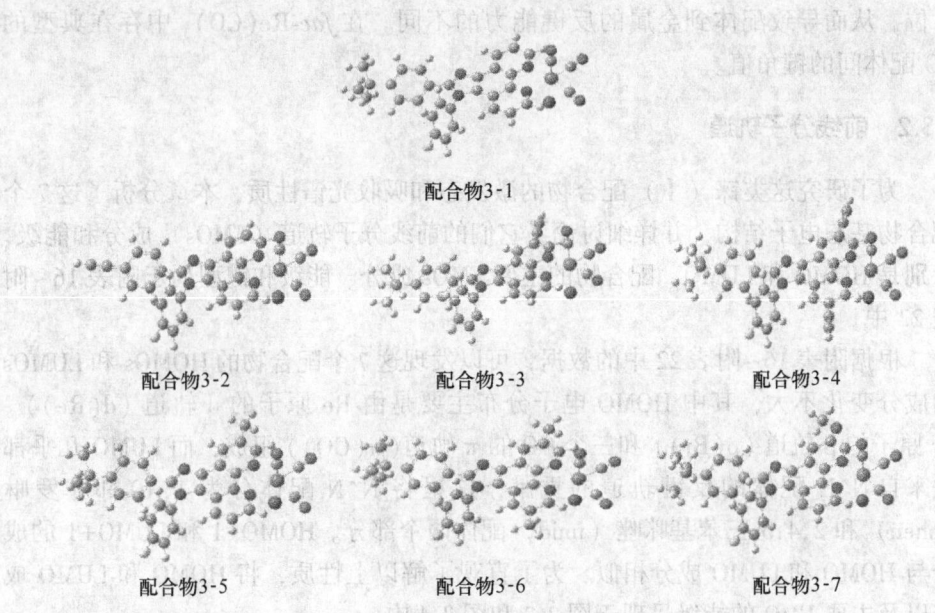

图 3-2 配合物优化后的 S_0 结构图

表 3-1 配合物优化后的 S_0 结构主要参数及配合物 3-1 的相应实验数据

键参数		3-1		3-2	3-3	3-4	3-5	3-6	3-7
		实验值[①]	Cal.(S_0)	Cal.(S_0)					
键长/Å	Re—Br	2.586	2.622	2.621	2.621	2.620	2.622	2.623	2.622
	Re—N(1)	2.176	2.181	2.181	2.180	2.183	2.182	2.183	2.182
	Re—N(2)	2.174	2.175	2.175	2.178	2.177	2.176	2.178	2.178
	Re—C(30)	1.926	1.917	1.917	1.918	1.917	1.916	1.916	1.917
	Re—C(31)	1.991	1.917	1.917	1.916	1.917	1.917	1.916	1.916
	Re—C(32)	1.951	1.908	1.908	1.908	1.909	1.908	1.907	1.908
键角/(°)	N(1)—Re—Br	85.00	83.40	83.42	83.39	83.29	83.51	83.44	83.50
	N(1)—Re—N(2)	75.67	75.14	75.12	75.15	75.17	75.20	75.27	75.27
	N(1)—Re—C(30)	173.99	170.87	170.90	170.93	170.88	170.94	170.96	170.98
	C(32)—Re—Br	178.26	176.52	176.52	176.49	176.48	176.44	176.37	176.38
	C(30)—Re—C(32)	90.59	91.72	91.68	91.72	91.67	91.72	91.75	91.75

① 数据来源于文献 [10]。

合物的结构参数。其轻微的偏差可能是由于实验上配合物是晶体状态以及理论计算中没有考虑配合物周围的化学环境。另外，在 7 种配合物中，轴向的 Re—C(32) 键长小于水平方向的 Re—C 键，这是由于轴向的 CO 处在 Br 原子的

对位，从而导致配体到金属的反键能力的不同。在 fac-Re(CO)$_3$ 中存在典型的
CO 配体间的键角值。

3.3.2　前线分子轨道

为了研究这类铼（Ⅰ）配合物的激发态和吸收光谱性质，本章分析了这 7 个
配合物基态电子结构，并详细讨论了它们的前线分子轨道（FMOs）成分和能级，
特别是 HOMO 和 LUMO。配合物的主要 FMOs 成分、能级和键型列于附表 16~附
表 22 中。

根据附表 16~附表 22 中的数据，可以发现这 7 个配合物的 HOMOs 和 LUMOs
的成分变化不大，其中 HOMO 电子分布主要是由 Re 原子的 d 轨道（d(Re)）、
Br 原子的 p 轨道（p(Br)）和三个 CO 的 π 轨道（π(CO)）组成，而 LUMO 几乎都
是来自 N^N 配体的反键轨道的贡献，这里将 N^N 配体分为 1,10-邻菲罗啉
（phen）和 2,4,5-三苯基咪唑（imid）配体两个部分。HOMO−1 和 LUMO+1 的成
分与 HOMO 和 LUMO 成分相似。为了直观了解以上性质，将 HOMO 和 LUMO 成
分以及主要 FMO 的能级呈现于图 3-3 和图 3-4 中。

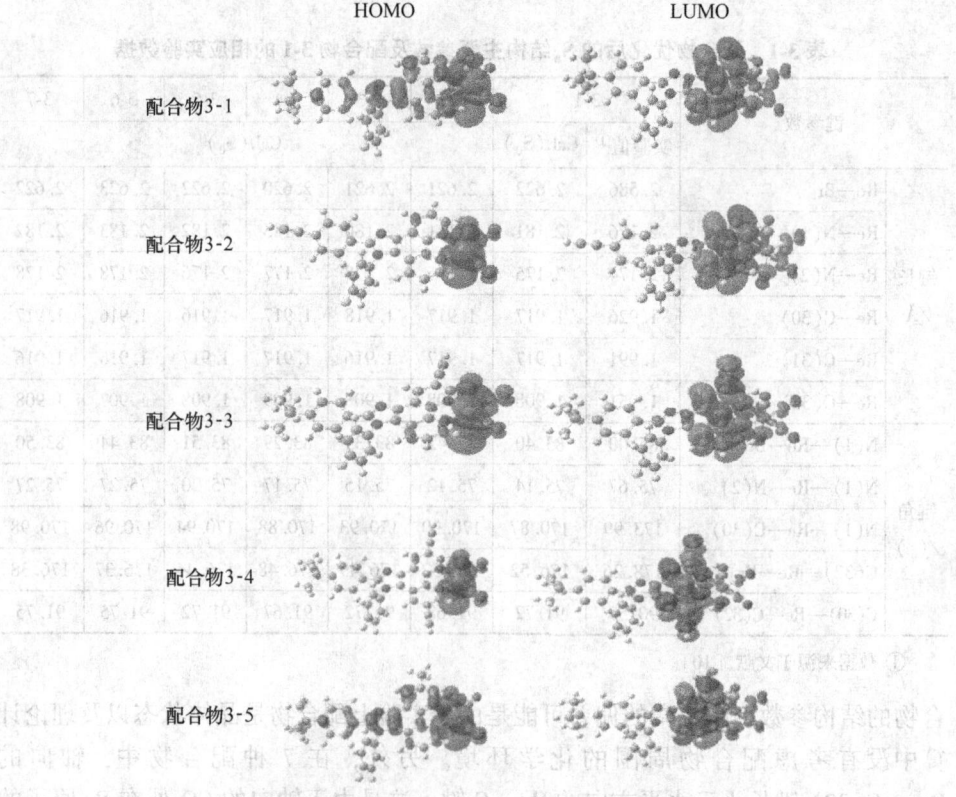

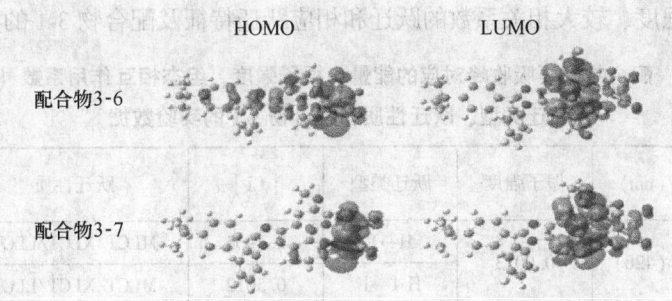

图 3-3 配合物的 HOMO 和 LUMO 轨道可视图

如图 3-4 所示，当不同的基团引入到配体上时，配合物 HOMOs 能级变化较小，而 LUMOs 能级（E_{LUMO}）却有明显改变。引入—C≡C 使得 LUMO 能级降低，且引入到 R_2 位置（−2.54eV）产生的影响比 R_1 位置（−2.34eV）的大，即 $E_{LUMO(3-1)} > E_{LUMO(3-2)} > E_{LUMO(3-3)}$。另外，—C≡C 的数目越多，LUMO 能级越小，即 $E_{LUMO(3-3)} > E_{LUMO(3-4)}$，这可能是由共轭程度的增大引起的。所以，配合物 3-1~配合物 3-4 的 HOMO 和 LUMO 能级差顺序为：配合物 3-4<配合物 3-3<配合物 3-2<配合物 3-1。配合物 3-5 和配合物 3-7 是在 R_2 位置引入供电子基团（—CH$_3$ 和—OCH$_3$），它们的 LUMO 能级比配合物 3-1 的高，且升高的趋势和引入基团的供电子能力增强趋势一致，即 $E_{LUMO(3-1)} < E_{LUMO(3-5)} < E_{LUMO(3-6)} < E_{LUMO(3-7)}$，故能级差增大顺序为：配合物 3-1<配合物 3-5<配合物 3-6<配合物 3-7。对于光学性质来说，HOMO 和 LUMO 能级差是一个重要的参数，所以这些研究可能为这类配合物的实际应用提供一些设计分子的思路。

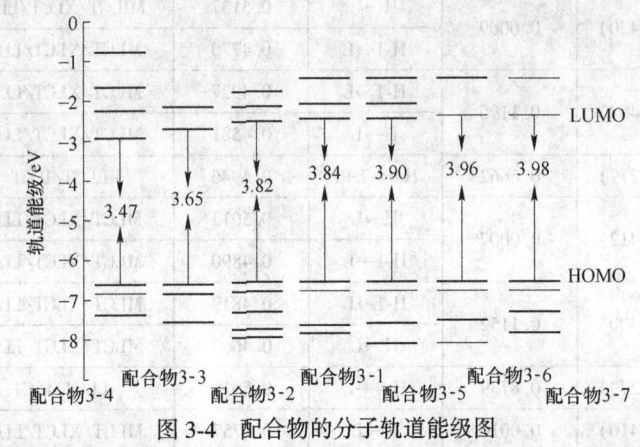

图 3-4 配合物的分子轨道能级图

3.3.3 吸收光谱

以优化配合物的 S_0 结构为基础，采用 TDDFT/PBE1PBE 方法并结合 PCM 计算它们在 CHCl$_3$ 溶液中的吸收光谱。表 3-2 所列的是吸收光谱数据，包括能量、波长、振子强度、较大相关系数的跃迁和相应跃迁特征及配合物 3-1 的实验数据。

表 3-2　配合物主要吸收峰对应的能量、振子强度、组态相互作用系数（CI）、跃迁类型、跃迁性质和配合物 3-1 的实验数据

配合物编号	$E/\text{eV}(\text{nm})$	振子强度	跃迁类型	| CI |	跃迁性质	$\lambda_{\text{exp}}^{①}/\text{nm}$
3-1	2.89（428）	0.0013	H→L	0.4905	MLCT/XLCT/LLCT	
			H-1→L	0.5012	MLCT/XLCT/LLCT	
	2.98（415）	0.1256	H→L	0.4816	MLCT/XLCT/LLCT	410
			H-1→L	0.4729	MLCT/XLCT/LLCT	
	4.50（275）	0.3394	H-4→L+1	0.3743	LLCT/ILCT	276
3-2	2.88（431）	0.0013	H→L	0.6848	MLCT/XLCT/LLCT	
	2.98（417）	0.1350	H-1→L	0.6632	MLCT/XLCT/LLCT	
	4.10（303）	0.2888	H-2→L+2	0.4377	XLCT/LLCT/ILCT	
3-3	2.74（452）	0.0004	H→L	0.6833	MLCT/XLCT/LLCT	
	2.83（438）	0.1200	H-1→L	0.6609	MLCT/XLCT/LLCT	
	4.21（294）	0.4135	H-2→L+2	0.6417	MLCT/XLCT/LLCT/ILCT	
3-4	2.60（477）	0.0001	H→L	0.6952	MLCT/XLCT/LLCT	
	2.69（461）	0.1069	H-1→L	0.6767	MLCT/XLCT/LLCT	
	4.23（293）	0.8271	H-2→L+2	0.4558	XLCT/LLCT/ILCT	
3-5	2.95（420）	0.0009	H→L	0.5137	MILCT/XLCT/LLCT	
			H-1→L	0.4770	MLCT/XLCT/LLCT	
	3.04（408）	0.1190	H-1→L	0.4927	MLCT/XLCT/LLCT	
			H→L	0.4581	MLCT/XLCT/LLCT	
	4.48（277）	0.6662	H-4→L+1	0.4946	LLCT/ILCT	
3-6	3.01（412）	0.0007	H→L	0.5013	MLCT/XLCT/LLCT	
			H-1→L	0.4890	MLCT/XLCT/LLCT	
	3.10（400）	0.1152	H-1→L	0.4819	MLCT/XLCT/LLCT	
			H→L	0.4669	MLCT/XLCT/LLCT	
	4.45（279）	0.8739	H-4→L	0.5010	LLCT/ILCT	
3-7	3.03（410）	0.0010	H→L	0.6757	MLCT/XLCT/LLCT	
	3.12（397）	0.1020	H-1→L	0.6476	MLCT/XLCT/LLCT/ILCT	
	4.30（289）	0.6494	H-2→L+2	0.4588	MLCT/XLCT/LLCT/ILCT	
			H-7→L	0.3383	MLCT/XLCT/LLCT/ILCT	

① 数据来源于文献 [10]。

计算结果显示，配合物的吸收峰可以分成三类，即紫外区的强吸收峰（270～310nm）、中等强度吸收峰（310～450nm）和延伸到可见光区的弱吸收峰。计算的配合物 3-1 最低能量吸收峰值（λ_{max}）是 428nm，主要电子跃迁是从 HOMO(H) 到 LUMO(L)，同时有 H-1 到 L 的跃迁。由附表 16 可知，H 和 H-1 主要由 d(Re) + p(Br) + π(CO) 组成，而 L 主要由 π*(phen) 组成。所以此跃迁过程描述为金属到配体的电荷跃迁（MLCT）、卤素到配体的电荷跃迁（XLCT）、配体到配体的电荷跃迁（LLCT）特性。另外两个主要的吸收峰是 415nm 和 275nm，与相应的实验数值（410nm 和 276nm）吻合较好，说明在解释吸收光谱特性时，所选的计算方法和基组是精确可靠的。415nm 的电子跃迁特性与最低能量吸收峰的跃迁特性相似，275nm（强吸收峰）来自具有 LLCT、ILCT（配体间的电荷跃迁）跃迁特征的 H-4 到 L+1 跃迁过程。

由表 3-2 可知，配合物 3-2～配合物 3-4 的跃迁性质相同，它们的最低能量吸收峰由 H→L 引起，中等强度吸收峰是来自 H-1→L 跃迁，并具有 MLCT/XLCT/LLCT 跃迁特征。而最强吸收峰是来自 H-2→L+2 跃迁，其中配合物 3-2 和配合物 3-4 是 XLCT/LLCT/ILCT 跃迁，配合物 3-3 是 MLCT/XLCT/LLCT/ILCT 跃迁。对于配合物 3-5 和配合物 3-6，它们的主要吸收峰的跃迁特征与配合物 3-1 的相同，而配合物 3-7 的主要吸收峰由 H→L（MLCT/XLCT/LLCT）、H-1→L（MLCT/XLCT/LLCT/ILCT）、H-2→L+2 和 H-7→L（MLCT/XLCT/LLCT/ILCT）跃迁引起。值得注意的是，随着 Re 原子在 H 和 H-1 中贡献比例的增大（见附表 16～附表 22），最低能量吸收峰中 MLCT 的比例增大。图 3-5 是模拟配合物的紫外-可见（UV-vis）吸收光谱图。

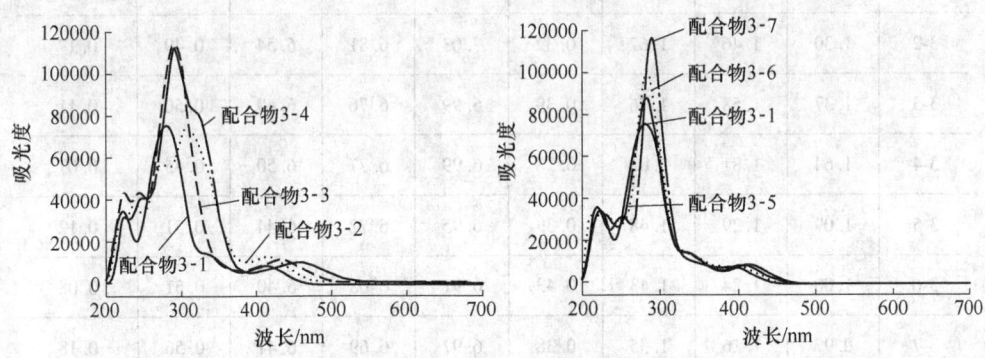

图 3-5　配合物在氯仿溶液中的模拟吸收光谱

从图 3-5 中可直观地看到，与母体配合物 3-1 相比，配合物 3-2～配合物 3-4 的较低能量吸收峰发生了红移，即配合物 3-4(461nm) > 配合物 3-3(438nm) > 配合物 3-2(417nm) > 配合物 3-1(415nm)。而配合物 3-5 ～ 配合物 3-7 发生了蓝移，即配合物 3-1(415nm) > 配合物 3-5(408nm) > 配合物 3-6(400nm) > 配合物 3-7(397nm)。这些吸收峰红移或蓝移的程度和前面讨论的能级差变化一致。这表明，在 N^N 配体上引入供电子能力不同的基团对配合物的光学性质有影响，引入基团的供电子能力越强，配合物最低能量吸收峰蓝移越明显，且在 R₂ 位置引入基团产生的影响要比在 R₁ 位置的更大。

3.3.4　电子亲和势、电离势和重组能

对光致发光材料来说，较大的电子亲和势（EA）或较小的电离势（IP）有助于将电子或空穴从电子、空穴的传输层注入到发光层，从而使开路电压减小，设备的性能提高。空穴和电子的注入与传输平衡是发光层材料必须具备的条件之一。重组能（λ）可以用来评估电荷传输效率以及平衡能力。对于有效的电荷传输过程，较小的 λ 值是必不可少的。表 3-3 中列出了相应的计算结果。其中，EA 包含垂直和绝热两部分，记作 EA(v) 和 EA(a)；同理，IP 包含 IP(a) 和 IP(v)。EEP 是在阴离子构型下的中性分子与阴离子的能量差，而 HEP 是在阳离子的构型下中性分子和阳离子的能量差[11]。

表 3-3　配合物的垂直和绝热电子亲和势、电离势、电子抽取势（EEP）、空穴抽取势（HEP）、空穴转移重组能（λ_hole）、电子转移重组能（λ_electron）以及其差值

(eV)

配合物编号	EA (v)	EA (a)	EEP	$\lambda_{electron}$	IP (v)	IP (a)	HEP	λ_{hole}	$\lambda_{hole}-\lambda_{electron}$
3-1	1.12	1.35	1.53	0.41	6.98	6.75	6.47	0.51	0.10
3-2	1.30	1.46	1.62	0.32	7.03	6.81	6.54	0.49	0.17
3-3	1.37	1.58	1.76	0.39	6.99	6.76	6.49	0.50	0.11
3-4	1.64	1.81	2.02	0.38	6.99	6.77	6.50	0.45	0.07
3-5	1.09	1.29	1.48	0.39	6.95	6.72	6.44	0.51	0.12
3-6	1.00	1.24	1.43	0.43	6.91	6.68	6.40	0.51	0.08
3-7	0.97	1.16	1.35	0.38	6.97	6.69	6.41	0.56	0.18

通过表 3-3 可以看到，配合物 3-4 的 EA 值最大，这表示它注入电子要比其他配合物容易。配合物 3-6 的 IP 值最小，这表示其空穴注入最容易。EA(v) 值的大小顺序为配合物 3-7<配合物 3-6<配合物 3-5<配合物 3-1<配合物 3-2<配合物 3-3<配合物 3-4，与 LUMO 能级的降低顺序一致。所有配合物的 HEP 均比它们的 EEP

值要大。对绝热过程来说，较大的 HEP 表示有利于空穴传输[12]。

以 Marcus/Hush 模型为基础，电荷传输效率（k_{et}）可用下面的公式表示[13~15]：

$$k_{et} = A\exp\left(\frac{-\lambda}{4k_b T}\right) \tag{3-1}$$

式中，k_b 为玻耳兹曼常数；T 为温度；λ 为重组能。外部重组能（λ_e）是由分子内部重组能（λ_i）和介质的溶剂极化引起的。在 OLED 固态设备里分子间的电荷传输是受限制的，λ_i 成了影响电荷传输效率的一个重要因素，而 λ_e 的影响却可以忽略。电子传输重组能可表示为：

$$\lambda_{electron} = \lambda_0 + \lambda_- = (E_0^* - E_0) + (E_-^* - E_-) = (E_0^* - E_-) - (E_0 - E_-^*)$$
$$= EEP - EA(v) \tag{3-2}$$

式中，E_0 和 E_- 分别为最低能量结构时中性分子和阴离子的能量；E_0^* 和 E_-^* 分别为在离子构型下中性分子的能量和在中性分子构型下阴离子的能量。同样，空穴重组能可表示为：

$$\lambda_{hole} = \lambda_0 + \lambda_+ = (E_0^* - E_0) + (E_+^* - E_+) = (E_+^* - E_0) - (E_+ - E_0^*)$$
$$= IP(v) - HEP \tag{3-3}$$

如表 3-3 所示，配合物 3-2 的 $\lambda_{electron}$ 值最小，所以其电子传输能力最好，而配合物 3-4 的 λ_{hole} 值最小，所以空穴传输能力最好。另外，这类配合物的 $\lambda_{electron}$ 都比 λ_{hole} 小，表明它们作为发光材料的电子传输性能比空穴传输性能好，即更合适做电子传输材料。配合物 3-4 的 λ_{hole} 与 $\lambda_{electron}$ 的差值较小，可提高电荷传输平衡效率，进一步增强 OLED 设备性能，故配合物 3-4 可能更适合做 OLED 的发光层。

3.4 小结

本章采用 DFT/TDDFT 方法研究了一系列含咪唑 [4,5-*f*] -1,10-邻菲罗啉配体但取代基不同（—C≡C，—CH₃，—OCH₃）的铼（Ⅰ）三羰基配合物的结构和光物理性质，具体研究了它们的基态结构、电子结构、吸收光谱、电子亲和势、电离势和重组能。计算结果表明，N^N 配体上引入供电子能力不同的基团对这类配合物的电子结构和光物理性质有影响，如吸收光谱、电荷注入与传输平衡能力等。分析 FMOs 可知，引入不同的基团对 HOMO 能级影响不大，但对 LUMO 的影响较明显，即—C≡C 的引入使 LUMO 能级降低，进而缩小能级差，导致配合物的最低能量吸收峰发生红移，而—CH₃，—OCH₃ 的引入导致相应的蓝移，其吸收峰波长大小顺序为配合物 3-7<配合物 3-6<配合物 3-5<配合物 3-1<配合物 3-2<配合物 3-3<配合物 3-4。另外，基团引入到 R₂ 位置时产生的影响比 R₁ 位置的大。电子亲和势、电离势和重组能的计算结果表明，所研究的配合物更适合作为电子

传输材料。配合物 3-4 的 λ_{hole} 与 $\lambda_{electron}$ 的差值最小，提高了电荷传输平衡效率，进一步增强 OLED 设备性能。所以本章所设计的配合物 3-4 可能更适合作为有机发光二极管的发光层。

参 考 文 献

[1] CHU W K, KO C C, CHAN K C, et al. A simple design for strongly emissive sky-blue phosphorescent neutral rhenium complexes: synthesis, photophysics, and electroluminescent devices [J]. Chem. Mater., 2014, 26 (8): 2544~2550.

[2] YANG X Z, ZHANG T T, WEI J, et al. DFT/TDDFT Studies of the ancillary ligand effects on structures and photophysical properties of rhenium (Ⅰ) tricarbonyl complexes with the imidazo [4,5-f]-1,10-phenanthroline ligand [J]. Int. J. Quantum Chem., 2015, 115: 1467~1474.

[3] ZHANG T T, JIA J F, WU H S, Substituent and solvent effects on electronic structure and spectral property of ReCl(CO)$_3$(N^N)(N^N Glyoxime): DFT and TDDFT theoretical studies [J]. J. Phys. Chem. A, 2010, 114: 12251~12257.

[4] ZHANG T T, QI X X, JIA JF, et al. Computational studies on the injection, transport, absorption and phosphoresce properties of a series of cationic Iridium (Ⅲ) complexes [Ir(C^N)$_2$(L)$_2$]$^+$(C^N = ppy, tpy, dfppy, bzq) [J]. Int. J. Quantum. Chem., 2013, 113: 1010~1017.

[5] ZHANG T T. QI X X, JIA J F, et al. Tuning electronic structure and photophysical properties of [Ir(ppy)$_2$(py)$_2$]$^+$ by Substituents binding in pyridyl ligand: A computational study [J]. J. Mol. Model., 2012, 18: 4615~4624.

[6] ZHANG T T, JIA J F, WU H S. Theoretical studies of COOH group effect on the performance of Rhenium (Ⅰ) tricarbonyl complexes with bispyridine sulfur-rich core ligand as dyes in DSSC [J]. Theor. Chem. Acc., 2012, 131: 1266~1273.

[7] STRIPLIN D R, CROSBY G A. Photophysical investigations of rhenium(Ⅰ)Cl(CO)$_3$ (phenanthroline)complexes [J]. Coord. Chem. Rev., 2001, 211: 163~175.

[8] THORP-GREENWOOD F L, PLATTS J A, COOGAN M P. Experimental and theoretical characterisation of phosphorescence from rhenium polypyridyl tricarbonyl complexes [J]. Polyhedron, 2014, 67: 505~512.

[9] MAJI S, SARKAR B, PATRA M, et al. Formation, reactivity, and photorelease of metal bound nitrosyl in [Ru(trpy)(L)(NO)]$^{n+}$ (trpy = 2, 2′: 6′, 2″-Terpyridine, L = 2-Phenylimidazo [4, 5-f] 1,10-phenanthroline) [J]. Inorg. Chem., 2008, 47: 3218~3227.

[10] BONELLO R O, MORGAN I R, YEO B R, et al. Luminescent rhenium (Ⅰ)complexes of substituted imidazole [4, 5-f]-1,10-phenanthroline derivatives [J]. J. Organomet. Chem., 2014, 749: 150~156.

[11] ZHANG T T, QI X X. JIA J F, et al. Computational studies on the injection, transport, ab-

sorption, and phosphoresce properties of a series of cationic Iridium (Ⅲ) complexes [Ir (C^N)₂
(L)₂]⁺(C^N = ppy,tpy,dfppy,bzq) [J]. J. Phys. Chem. A, 2011, 115: 3174~3181.

[12] SRIVASTAVA R, JOSHI L, KOTAMARTHI B. Theoretical study of electronic structures and
opto-electronic properties of iridium (Ⅲ) complexes containing benzoxazole derivatives and different ancillary β-diketonate ligands [J]. Comput. Theor. Chem. , 2014, 1035: 51~59.

[13] MARCUS R A. Electron transfer reactions in chemistry. Theory and experiment [J]. Rev. Mod.
Phys. , 1993, 65: 599~610.

[14] MARCUS R A. Infrared spectrum of benzene-d_6 [J]. J. Chem. Phys. , 1956, 24: 966~978.

[15] HUSH N S. Adiabatic rate processes at electrodes. I. Energy-charge relationships [J]. J. Chem.
Phys. , 1958, 28: 962~972.

4 含吡啶四唑配体的铼（Ⅰ）三羰基配合物的发光性能

4.1 引言

磷光有机发光二极管因在全彩显示屏和大面积固态照明应用上很有潜力，从而引起了人们的广泛关注[1,2]。为了进一步提高磷光发光效率，科研工作者们从实验和理论方面进行了大量的研究，他们发现用铼（Ⅰ）等具有 d^6 电子组态的过渡金属配合物做 OLED 的发光源可以取得很好的效果[3,4]。由于过渡金属的重原子引起了强的自旋轨道耦合（SOC）效应，从而导致了部分系间窜越（ISC），磷光发光效率有所提高。同时，对于全彩显示屏和照明用的白色有机发光二极管来说，红色、绿色和蓝色磷光发光材料是必不可少的。其中，蓝色磷光材料的颜色纯度、发光效率和持久耐用等性能相对较差，所以一直都是相关科研者研究的重点。

在过渡金属配合物中，具有 $fac\text{-}[\mathrm{Re(CO)_3}]^+$ 结构的铼（Ⅰ）配合物拥有出色的化学稳定性、强可见吸收光、能发出三重态金属到配体电荷转移（^{3}MLCT）磷光及催化特性。特别是 $fac\text{-}[\mathrm{Re(N\hat{}N)(CO)_3(L)}]^{n+}$ 配合物成为了研究热点，其中 N^N 配体代表中性二亚胺类配体，L 是一个辅助配体且 $n=0$ 或 1，n 取决于阴离子或中性分子 L 配体的电荷数。在二亚胺体系上引入吸电子或给电子基团会使这些配合物的光物理性质发生改变，这是因为辅助配体会改变 L 配体的晶体场强度[5~7]。Wright 等人对单核和双核的三羰基 Re（Ⅰ）四唑配合物的光物理性质进行了研究，同时指出，这类配合物的辅助配体四唑通过调节 Re 的 5d 轨道的稳定性或不稳定性来间接地影响 ^{3}MLCT($5\mathrm{d(Re)} \to \pi^*$（二亚胺））激发态的相对能量。之后，他们课题组成功地合成了 $fac\text{-}[\mathrm{Re(CO)_3(L)(N\hat{}N)}]$（L 是 Cl 或 Br；N^N 代表叔丁基化的吡啶基四唑），同时研究了这类配合物的光物理和电化学性能，并通过理论计算给予证实[8,9]。然而，对于在 N^N 配体上引入不同基团对这类配合物的结构、光谱性质以及它们作为 OLED 发光材料性能等影响的理论研究还未见报道。

基于上面所述，本章中在已合成的 $fac\text{-}[\mathrm{Re(CO)_3(L)(R\text{-}N\hat{}N)}]$ 配合物 4-1 的基础上，理论设计了一系列配合物，即在 N^N 配体的 R 位上引入供电子能力不同的基团（—NO_2，—CN，—OCH_3，—CH_3），具体如图 4-1 所示。同样通过 DFT/TDDFT 方法对这五个配合物的基态几何构型、电子结构、光谱性质、电子亲和势（EA）、电离势（IP）、重组能（λ）以及磷光量子产率（Φ）进行研究。研究目的是理解在这类配合物中引入不同的基团对其结构、光物理性质和作为 OLED 发光材料性能的影响，为实验研究提供解释和指导。

—R	配合物
H	4-1
NO₂	4-2
CN	4-3
OCH₃	4-4
CH₃	4-5

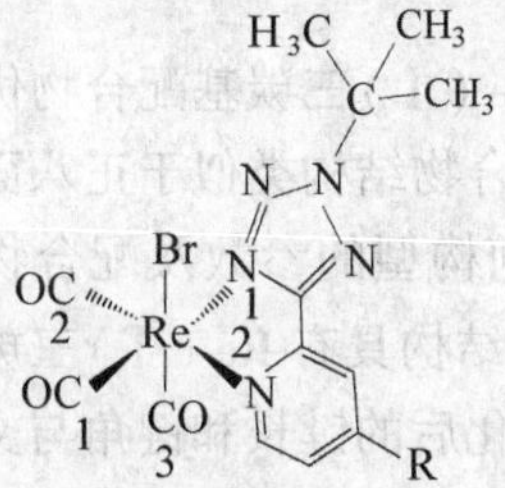

图 4-1 *fac*-[ReBr(CO)₃(R-N^N)] 的 Re(Ⅰ)三羰基配合物的结构图

4.2 计算方法

5 种配合物的基态（S₀）和最低三重态（T₁）的几何结构采用的是 DFT 中的限制和非限制性的 PBE1PBE 方法进行优化。Re 原子采用 LANL2DZ 基组，其他原子则采用 6-31G（d）基组。振动频率的计算结果表明所有的构型均无虚频存在，说明配合物的几何结构能量处于势能面的最小值。为了说明本章研究所选方法和基组的合理性，也选择不同的泛函和基组对配合物 4-1 的主要基态结构参数、最低能量吸收峰和发射峰进行了计算，计算结果与相应的实验值列于附表 23~附表 26。与实验值对比，可以发现 PBE1PBE 泛函和 LANL2DZ/6-31G（d）基组是合理的。此外，在优化 S₀ 和 T₁ 的结构基础上，利用 TDDFT 结合 PCM 模型考查了这 5 个配合物的平衡几何构型、在二氯甲烷（CH₂Cl₂）溶剂中吸收和发射光谱的性质。所有的计算都采用高斯 09 程序包[10]。

磷光量子产率（Φ）受辐射与非辐射衰减速率常数（k_r 和 k_{nr}）比值的影响，其通式如下：

$$\Phi = k_r \tau_{em} = k_r / (k_r + k_{nr}) \tag{4-1}$$

式中，τ_{em} 为发射衰减时间。

由式（4-1）可知，k_r 越大、k_{nr} 越小，则 Φ 的值也越大。k_r 和 k_{nr} 可用如下公式表示[11,12]：

$$k_r \approx \gamma \langle \Psi_{S_1} | H_{S_0} | \Psi_{T_1} \rangle^2 \mu_{S_1}^2 / (\Delta E_{S_1-T_1})^2, \quad \gamma = 16\pi^3 10^6 n^3 E_{T_1}^3 / 3h\varepsilon_0 \tag{4-2}$$

$$k_{nr} = \alpha e^{(-\beta E_{T_1})} \tag{4-3}$$

式中，α 和 β 均为常数；μ_{S_1} 为从 S₀ 到 S₁ 的跃迁偶极矩；$\Delta E_{S_1-T_1}$ 为 S₁ 与 T₁ 之间的能隙；E_{T_1} 为磷光发射中最低三重激发态的能量；n、h 和 ε_0 分别为折射率、普朗

克常数和真空介电常数。

4.3 结果和讨论

4.3.1 优化的基态和激发态几何结构

所研究的 Re（Ⅰ）三羰基配合物优化的基态结构图如图 4-2 所示。由图可知，这些 Re（Ⅰ）配合物结构类似于正八面体。表 4-1 列出了所研究的 5 个配合物 S_0 和 T_1 优化后几何构型的参数及配合物 4-1 在基态的实验晶体结构数据。结果显示，该类配合物结构具有 Re（Ⅰ）三羰基二亚胺配合物的典型结构特点[13~15]。配合物 4-1 结构优化后的键长和键角与文献中的实验晶体结构数据基本一致，误差在可接受的范围内[9]。在计算值与实验值之间存在较小的偏差，这可能是由于理论计算值是在气相环境中得到的，而实验结果则来源于真实的密堆积的晶格，也可能是计算中并没有考虑化学环境。

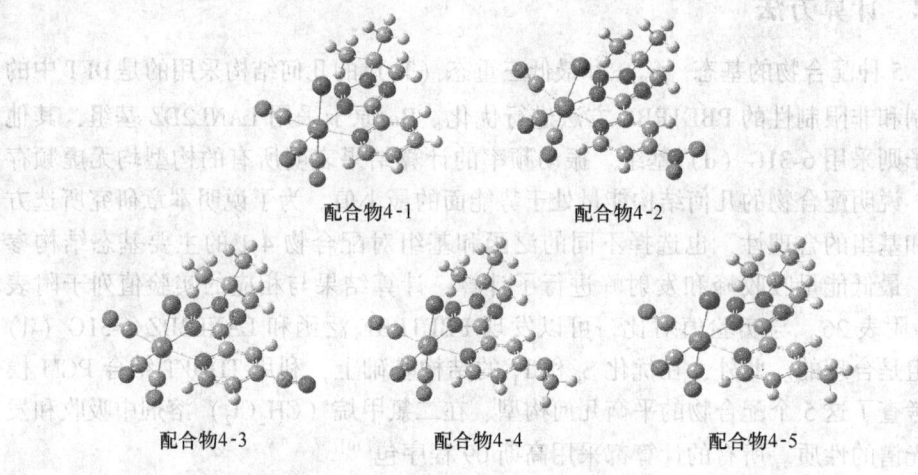

配合物4-1   配合物4-2

配合物4-3   配合物4-4   配合物4-5

图 4-2 配合物的优化基态结构图

表 4-1 配合物优化后基态（S_0）和三重激发态（T_1）的主要几何参数及配合物 4-1 的相应实验结构参数

键参数		实验值①	4-1		4-2		4-3		4-4		4-5	
			S_0	T_1	S_0	T_1	S_0	T_1	S_0	T_1	S_0	T_1
键长 /Å	Re—Br	2.629	2.622	2.542	2.618	2.528	2.619	2.535	2.623	2.550	2.623	2.545
	Re—C1	1.924	1.914	1.929	1.915	1.930	1.915	1.929	1.912	1.929	1.913	1.929
	Re—C2	1.915	1.918	1.980	1.922	1.977	1.921	1.978	1.917	1.979	1.918	1.980

键		4-1		4-2		4-3		4-4		4-5	
		实验值[①]	S_0	S_0	T_1	S_0	T_1	S_0	T_1	S_0	T_1
键长/Å	Re—C3	1.900	1.908	1.950	1.911	1.956	1.911	1.954	1.907	1.947	1.908	1.950
	Re—N1	2.140	2.158	2.131	2.155	2.141	2.156	2.139	2.160	2.126	2.158	2.131
	Re—N2	2.216	2.217	2.109	2.204	2.122	2.207	2.113	2.220	2.105	2.216	2.105
键角/(°)	C2—Re—C3	89.38	91.44	88.33	91.36	88.28	91.31	88.24	91.48	88.26	91.46	88.34
	N1—Re—C3	97.86	94.42	95.08	94.58	95.02	94.49	95.01	94.25	95.22	94.53	94.93
	N2—Re—C3	95.00	94.28	88.43	94.85	88.26	94.82	88.49	94.11	89.41	94.28	88.75
	C2—Re—Br	92.41	91.15	86.47	90.73	87.01	90.77	86.64	91.29	85.54	91.12	86.10

① 数据来源于文献 [9]。

从表 4-1 可以看出，这类配合物 N^N 配体的 R 位上引入供电子能力不同的基团时对基态结构影响不大。但是，配合物中轴向的 Re—C 键长比平面的 Re—C 键短。这可能归因于不同位置的配体到金属的反键作用能力不同（轴向的 CO 位于 Br 原子的对位）。另外，计算三重激发态的结构参数表明：在 N^N 配体上引入不同的取代基对结构的影响不是很大。然而，与各自的基态结构相比，键长和键角却有明显的改变，Re—Br、Re—N 键长减小，Re—C 键长则增大。进一步说明配合物在 T_1 的结构中 Re(Ⅰ)与 N^N 配体之间的作用是加强的，而与 CO 配体的作用则有所减弱。因此，N^N 配体可能影响配合物 T_1 态的前线分子轨道。同时，Re(Ⅰ)与 N^N 配体或 CO 配体之间作用强度的不同可能会导致电荷转移跃迁性质的不同。

4.3.2 前线分子轨道性质

附表 27～附表 31 中给出了 5 种配合物所涉及的主要 FMO 组成成分、能级以及主要键型。分析表中数据可知，配合物的 HOMOs 轨道主要由 Re 原子的 d 轨道（d(Re)）、Br 原子的 p 轨道（p(Br)）以及三个 CO 配体的 π 轨道（π(CO)）组成，而 LUMOs 轨道则主要由 N^N 配体的 π* 反键轨道组成。HOMO-1 轨道和 LUMO+1 轨道的组成分别与 HOMO 和 LUMO 轨道组成相似。引入不同的基团对 FMOs 组成成分影响很小，这一点也可以从图 4-3 看到。

另外，还发现在 N^N 配体的 R 位上引入不同的基团，HOMOs 能级变化很小。但 LUMOs 能级有明显的改变。当引入吸电子基团（—NO₂，—CN）时会减小 LUMO 的能级，而引入给电子基团（—OCH₃，—CH₃）时会使 E_{LUMO} 增大。故能级的顺序为：$E_{LUMO(4-4)}(-1.97\text{eV}) < E_{LUMO(4-5)}(-2.11\text{eV}) < E_{LUMO(4-1)}(-2.19\text{eV}) < E_{LUMO(4-3)}(-2.91\text{eV}) < E_{LUMO(4-2)}(-3.36\text{eV})$。因此 5 种配合物能隙的顺序为：配

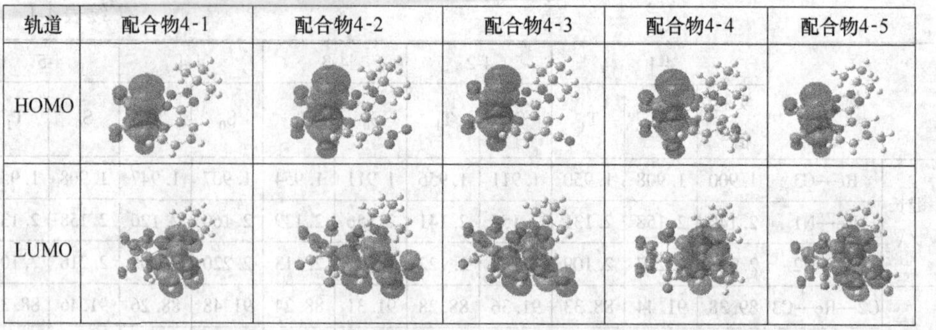

轨道	配合物4-1	配合物4-2	配合物4-3	配合物4-4	配合物4-5
HOMO					
LUMO					

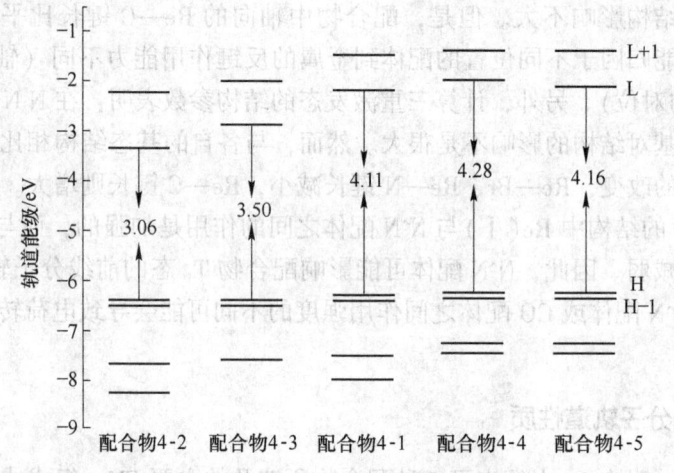

图4-3　5种配合物 HOMO 和 LUMO 的可视图

合物 4-4>配合物 4-5>配合物 4-1>配合物 4-3>配合物 4-2（见图 4-4）。HOMO 和 LUMO 的轨道能量与配合物的空穴和电子注入能力有关，对此在后面的部分会进行详细的讨论。

图4-4　五种配合物的 FMOs 能级图

4.3.3　吸收光谱

以优化的 S_0 结构为出发点，利用 TDDFT/PBE1PBE 方法结合 PCM 计算配合物在 CH_2Cl_2 溶液中的吸收光谱。在表 4-2 中列出它们的吸收光谱相关数据，包括电子跃迁、跃迁能、振子强度、具有最大 CI 系数的激发组态、跃迁性质归属及配合物 4-1 的实验值。

对于配合物 4-1，计算得到的最低吸收峰（λ_{max}）位于 394nm，这是由 HOMO(H) → LUMO(L) 的电子跃迁引起的。据表 4-2 可知，HOMO 主要是由 [d(Re) + p(Br) + π(CO)] 贡献的，而 LUMO 则主要是 π^*（N^N）。故上述电子

跃迁可表示为 $[d(Re) + p(Cl) + \pi(CO)] \rightarrow [\pi^*(N\widehat{\ }N)]$，即具有 MLCT/XLCT/LLCT 的性质。配合物 4-1 的中等强度吸收峰位于 377nm 处，与实验值基本一致，其误差小于 20nm。此吸收峰是由具有 MLCT/XLCT/LLCT 性质的 H-1→L 跃迁引起的。而其强吸收峰位于 281nm，是由具有 XLCT 性质的 H-4→L 引起，该峰与实验值（268nm）误差仅 13nm。因此，可以认为计算所选的方法和基组对解释吸收光谱的性质是准确合理的。

表 4-2　计算得到的配合物在 CH_2Cl_2 溶液中的吸收光谱数据及配合物 4-1 相应的实验值

配合物编号	E/eV(nm)	振子强度	跃迁类型	|CI|	跃迁性质	$\lambda_{exp}^{①}$/nm
4-1	3.14(394)	0.0033	H→L	0.6975	MLCT/XLCT/LLCT	
	3.29(377)	0.0531	H-1→L	0.6995	MLCT/XLCT/LLCT	358
	4.41(281)	0.0822	H-4→L	0.6270	XLCT	268
4-2	2.28(543)	0.0054	H→L	0.6880	MLCT/XLCT/LLCT	
	2.44(509)	0.0632	H-1→L	0.6896	MLCT/XLCT/LLCT	
	3.61(343)	0.1536	H-4→L	0.6864	MLCT/XLCT	
	4.17(298)	0.0667	H-5→L	0.5876	XLCT/LLCT	
4-3	2.59(479)	0.0053	H→L	0.6934	MLCT/XLCT/LLCT	
	2.75(450)	0.0716	H-1→L	0.6932	MLCT/XLCT/LLCT	
	3.90(318)	0.1485	H-4→L	0.6743	MLCT/XLCT	
	4.89(254)	0.1571	H-4→L+1	0.5767	MLCT/XLCT	
4-4	3.33(372)	0.0058	H→L	0.6921	MLCT/XLCT/LLCT	
	3.46(358)	0.0545	H-1→L	0.6965	MLCT/XLCT/LLCT	
	4.44(279)	0.0834	H-3→L	0.6384	XLCT/ILCT	
4-5	3.20(387)	0.0045	H→L	0.6963	MLCT/XLCT/LLCT	
	3.34(371)	0.0581	H-1→L	0.6988	MLCT/XLCT/LLCT	
	4.43(280)	0.1116	H-3→L	0.4676	MLCT/XLCT/ILCT	
			H-4→L	0.4540	MLCT/XLCT/ILCT	

① 数据来源于文献 [9]。

表 4-2 清楚地显示，配合物 4-2~配合物 4-5 的最低吸收峰和中等强度的吸收峰与配合物 4-1 相应的吸收峰具有相同的跃迁属性。特别是对于配合物 4-2，其强吸收峰位于 343nm，是由 H-4→L 的跃迁引起，其跃迁具有 MLCT/XLCT 的性质；并在 298nm 处伴有一个 H-6→L 跃迁的新的吸收峰，该峰的跃迁类型具有 XLCT 的混合跃迁性质。对于配合物 4-3，其强吸收峰位于 318nm 处，也是由 H-4→L 的电子跃迁引起的，具有 MLCT/XLCT 的跃迁性质；在 254nm 处有一个更强的吸收峰，它的跃迁属性为 H-4→L+1，具有 MLCT/XLCT 的混合跃迁性质。

此外，配合物 4-4 的强吸收峰是由 H-3→L 的跃迁引起的，具有 XLCT/LLCT 的混合跃迁性质，而配合物 4-5 的吸收峰是由具有 MLCT/XLCT/LLCT 的混合跃迁性质的 H-3→L 和 H-4→L 引起的。

从图 4-5 可以直观地看到，计算得出的 5 个配合物的吸收光谱图形几乎完全一样，但吸收峰的位置有明显不同。配合物的最低吸收峰的顺序为：配合物 4-2(461nm) ＞ 配合物 4-3(438nm) ＞ 配合物 4-1(378nm) ＞ 配合物 4-5(371nm) ＞ 配合物 4-4(358nm)。与之前讨论的能隙变化顺序一致。研究表明，在 N^N 配体上引入吸电子基团（配合物 4-2 和配合物 4-3）会导致吸收光谱红移；相反，引入给电子基（配合物 4-4 和配合物 4-5）则会引起相应的蓝移。

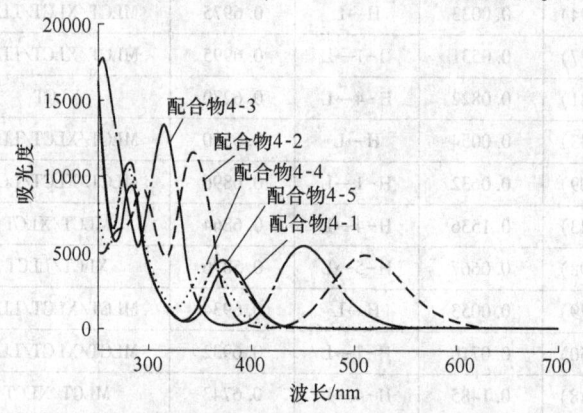

图 4-5　配合物在 CH_2Cl_2 溶液的吸收光谱图

4.3.4　磷光光谱

以优化的 T_1 结构为基础，利用 TDDFT/UPBE1PBE 结合 PCM 计算了配合物在 CH_2Cl_2 溶液中的发射光谱。表 4-3 列出了计算得到的配合物的磷光光谱数据。同时为方便讨论发射光谱的跃迁性质，将 FMOs 的主要成分、能级和主要键型列于表 4-4 中。

表 4-3　配合物的最低能量发射峰、具有较大 CI 系数的跃迁、对应跃迁的性质归属及配合物 4-1 的实验值

配合物编号	E/eV(nm)	跃迁类型	|CI|	跃迁性质	λ_{exp}[①]/nm
4-1	2.11(588)	L→H	0.6763(91%)	$^3MLCT/^3XLCT/^3LLCT$	
4-2	1.40(886)	L→H	0.6878(95%)	$^3MLCT/^3XLCT/^3LLCT$	
4-3	1.70(730)	L→H	0.6847(94%)	$^3MLCT/^3XLCT/^3LLCT$	568
4-4	2.19(566)	L→H	0.6783(92%)	$^3MLCT/^3XLCT/^3LLCT$	
4-5	2.12(585)	L→H	0.6738(91%)	$^3MLCT/^3XLCT/^3LLCT$	

① 数据来源于文献[16]。

表 4-4 配合物的主要 FMOs 成分、能级和主要键型

配合物编号	轨道	能量/eV	轨道分布/%				主要键型
			Re	Br	CO	N^N	
4-1	L	−2.5032	4.59	2.67	5.30	84.69	$\pi^*(N^N)$
	H	−5.8711	39.67	32.65	16.07	8.56	d(Re)+p(Br)+π(CO)
4-2	L	−3.6064	5.47	1.67	4.31	85.33	$\pi^*(N^N)$
	H	−6.1045	36.95	35.50	14.70	10.23	d(Re)+p(Br)+π(CO)
4-3	L	−3.1005	6.15	2.53	6.14	82.17	$\pi^*(N^N)$
	H	−6.0449	37.89	34.53	14.80	9.77	d(Re)+p(Br)+π(CO)
4-4	L	−2.3740	3.13	2.23	3.88	87.50	$\pi^*(N^N)$
	H	−5.7716	40.42	29.61	16.50	10.85	d(Re)+p(Br)+π(CO)
4-5	L	−2.4551	4.22	2.54	5.01	85.09	$\pi^*(N^N)$
	H	−5.8292	39.99	31.37	16.03	9.18	d(Re)+p(Br)+π(CO)

对于配合物 4-1，其最低发射峰位于 588nm，与实验值（568nm）的误差不大。由此证明，所选取的计算方法可以准确、可靠地解释发射光谱的性质。由表 4-3 可知，配合物的最低发射光谱主要源于 LUMO 到 HOMO 的跃迁。根据表 4-4 的数据可知，所有配合物的 LUMO 主要集中在 [$\pi^*(N^N)$]，而 HOMO 则主要由 [d(Re)]、[p(Br)] 和[π(CO)]组成，所以相应的跃迁可归属于 [$\pi^*(N^N)$] → [d(Re) + p(Br) + π(CO)]，具有[3]MLCT/[3]XLCT/[3]LLCT 的跃迁属性。为直观地理解发射跃迁，图 4-6 给出了与 5 个配合物发射跃迁相关的 HOMO 和 LUMO 轨道图。

轨道	配合物4-1	配合物4-2	配合物4-3	配合物4-4	配合物4-5
HOMO					
LUMO					

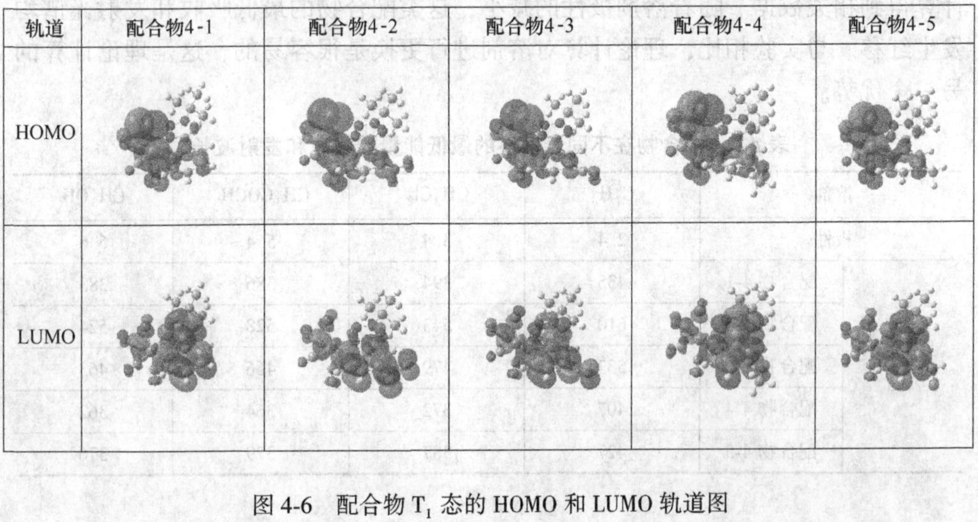

图 4-6 配合物 T_1 态的 HOMO 和 LUMO 轨道图

此外，所研究配合物最低发射峰值的递减顺序为：配合物 4-2(886nm) > 配合物 4-3(730nm) > 配合物 4-1(588nm) > 配合物 4-5(585nm) > 配合物 4-4(566nm)，这个顺序与能级差的变化趋势有关（见图 4-7）。这 5 个配合物的 HOMO 能级相差不大，但 LUMO 能级大小明显不同。在 N^N 配体的 R 位上引入 —NO$_2$（配合物 4-2）和—CN（配合物 4-3）会导致 E_{LUMO} 的减小，而引入—OCH$_3$（配合物 4-4）和—CH$_3$（配合物 4-5）会使 E_{LUMO} 增大。所以相对于配合物 4-1 来说，引入—NO$_2$ 和—CN 会导致最低发射峰的红移，而引入—OCH$_3$ 和—CH$_3$ 会引起相应的蓝移。因此，对于此类配合物，在 N^N 配体上引入基团的给电子能力越强，最低发射峰发生蓝移越明显。

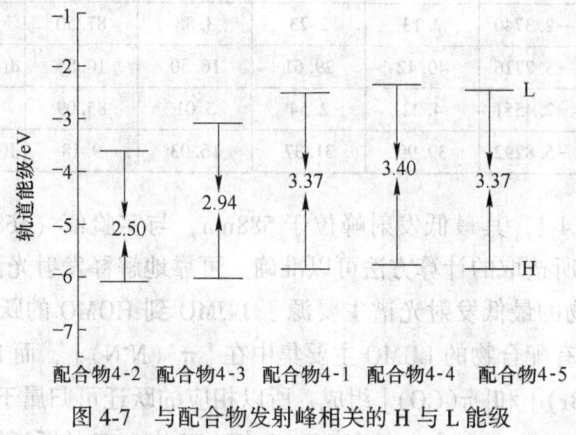

图 4-7　与配合物发射峰相关的 H 与 L 能级

4.3.5　光谱的溶剂化效应

溶剂的极性不同可导致配合物激发能的不同。表 4-5 中给出了用 PCM 方法计算得到相关数据。随着溶剂极性的减小，这类配合物的最低吸收和发射光谱均发生红移。与实验相比，理论计算对溶剂进行更换是很容易的，这是理论计算的另一个优势。

表 4-5　配合物在不同溶剂下的最低能量的吸收和发射波长

溶剂		C$_7$H$_8$	CH$_2$Cl$_2$	CH$_3$COCH$_3$	CH$_3$OH
极性		2.4	3.4	5.4	6.6
吸收峰 /nm	配合物 4-1	435	394	386	383
	配合物 4-2	610	543	528	524
	配合物 4-3	533	479	466	463
	配合物 4-4	407	372	364	362
	配合物 4-5	427	387	379	376

溶剂		C_7H_8	CH_2Cl_2	CH_3COCH_3	CH_3OH
发射峰 /nm	配合物 4-1	655	588	574	570
	配合物 4-2	1005	886	858	850
	配合物 4-3	819	730	710	705
	配合物 4-4	626	566	553	550
	配合物 4-5	650	585	571	568

4.3.6 电子亲和势、电离势和重组能

电子亲和势（EA）和电离势（IP）对 OLED 材料的器件性能来说是重要的。本章采用 DFT 方法计算了 5 种配合物的相应的数据，并列于表 4-6。

表 4-6 配合物的垂直和绝热电子亲和势、垂直和绝热电离势（EA(v)，EA(a)，IP(v)，IP (a)）、电子抽取势（EEP）、空穴抽取势（HEP）、空穴转移重组能（λ_h）、电子转移重组能（$\lambda_{electron}$）及 λ_{hole} 与 $\lambda_{electron}$ 差值 （eV）

配合物编号	EA(v)	EA(a)	EEP	$\lambda_{electron}$	IP(v)	IP(a)	HEP	λ_{hole}	$\lambda_{hole}-\lambda_{electron}$
4-1	0.917	1.140	1.363	0.446	7.271	7.031	6.776	0.495	0.049
4-2	2.062	2.298	2.530	0.468	7.553	7.320	7.056	0.497	0.029
4-3	1.746	1.907	2.062	0.316	7.513	7.281	7.026	0.487	0.171
4-4	0.688	0.968	1.240	0.552	7.132	6.873	6.574	0.558	0.006
4-5	0.862	1.099	1.319	0.457	7.192	6.952	6.697	0.495	0.038

从表 4-6 可以看到，配合物的 EA 和 IP 值减小的顺序为：配合物 4-2>配合物 4-3>配合物 4-1>配合物 4-5>配合物 4-4，与 HOMO 能级变化顺序一致。与配合物 4-1 相比，配合物 4-2 和配合物 4-3 的 EA 值较大，说明它们的电子从电子传输层注入到发射材料中较容易，此类配合物的电子注入能力有所增加。与其他配合物相比，配合物 4-4 和配合物 4-5 的空穴注入更容易，这可能与它们的 HOMO 能级较高有关。所以在 N^N 配体上引入吸电子基团，会提高电子注入能力，而引入给电子基团则会提高空穴注入能力。

另外，所有配合物的 λ_e 值均小于 λ_h，表明电子转移性能稍好于空穴转移性能。这意味着这些配合物均可作为电子传递材料。配合物 4-3 的 λ_e 值在所有配合物中最小，故电子传递能力最好，而配合物 4-1 和配合物 4-5 的 λ_h 值最小，具有较好的空穴传递能力。此外，配合物 4-4 的 λ_e 与 λ_h 之间的差值最小，这不仅提高了电荷转移平衡，同时还提高了 OLED 的器件性能。所以配合物 4-4 可能更适合

作为 OLED 的发光源。总之，在此类配合物的 N^N 配体上引入供电子能力不同的取代基会影响配合物的电子和空穴电荷转移速率，进而影响有机发光二极管的设备性能。

4.3.7　CH_2Cl_2 溶液中的磷光量子产率

磷光量子产率 Φ 的变化可由本章 4.2 节中的公式（4-1）进行定性分析。k_r 增大，k_{nr} 减小，有利于 Φ 的增大。根据相关公式（4-2）和公式（4-3）可知，随着 E_{T_1} 值的增大，k_r 逐渐增大，k_{nr} 逐渐减小。另外，众所周知，重原子的引入会增强自旋轨道耦合（SOC）和系间窜越（ISC）效应。SOC 效应主要可以通过以下两个方面进行说明：一是 T_1 态时 MLCT 成分（^{3}MLCT）。^{3}MLCT 成分越大，SOC 效应也越大，导致辐射跃迁寿命递减，从而避免了无辐射跃迁过程，故有利于增加 k_r[16]。二是 S_1 与 T_1 之间的能隙（$\Delta E_{S_1-T_1}$）。在磷光发射过程中 $S_1 \rightarrow T_1$ 跃迁具有重要意义[17,18]。ISC 速率随 $\Delta E_{S_1-T_1}$ 的增加而呈指数减小。$\Delta E_{S_1-T_1}$ 越小，ISC 速率和跃迁偶极矩越大，这会使 k_r 增大。由公式（4-2）可知，较小的 $\Delta E_{S_1-T_1}$ 和较大的 μ_{S_1} 也会导致 k_r 值增大。综上，E_{T_1} 和 ^{3}MLCT 越大、$\Delta E_{S_1-T_1}$ 越小、μ_{S_1} 越高，则可能导致 k_r 值越大，进而使 Φ 增大。这部分相关数据列于表 4-7。

表 4-7　计算得到的配合物最低三重激发态的能量
（E_{T_1}），T_1 态时 MLCT 轨道成分（^{3}MLCT），S_1 与 T_1 之间的
能隙（$\Delta E_{S_1-T_1}$）和 S_0 到 S_1 的跃迁偶极矩（μ_{S_1}）

配合物编号	E_{T_1}	^{3}MLCT	$\Delta E_{S_1-T_1}$	μ_{S_1}
4-1	2.11	31.92	0.38	2.24
4-2	1.40	29.91	0.42	1.89
4-3	1.70	29.84	0.45	2.17
4-4	2.19	34.31	0.35	2.58
4-5	2.12	32.55	0.39	2.50

从表 4-7 可以看出，配合物 4-4 的 E_{T_1} 和 ^{3}MLCT 值最大，$\Delta E_{S_1-T_1}$ 的值最小且 μ_{S_1} 较高，故与其他配合物相比可能 Φ 较大。即本章所设计的配合物 4-4 可能会成为高效的 OLED 磷光材料。但是，由于 Φ 是 k_r 与 k_{nr} 竞争的结果，在实验中要想得到高的磷光量子产率，其他因素也同样起着重要的作用。

4.4　小结

本章中，在 Re（Ⅰ）三羰基配合物中的吡啶四唑（N^N）配体 R 位上引入不同取代基（—NO_2，—CN，—OCH_3，—CH_3），利用 DFT 和 TDDFT 方法对这 5

种配合物的基态几何构型、最低三重激发态结构、电子结构、吸收光谱、发射光谱、溶剂效应、电子亲和势、电离势、重组能以及磷光量子产率进行了研究。计算结果表明，对于此类配合物，引入不同基团对其电子结构和光物理性质（吸收和发射光谱、电荷的注入和传递能力）以及磷光量子产率有明显的影响。分析 FMOs 可以发现，HOMO 能级变化很小，但 LUMO 能级有明显的变化。特别地，与母体配合物 4-1 相比，吸电子基团（—NO$_2$、—CN）的引入会使 LUMO 的能级减小，导致能隙变窄，从而引起最低吸收和发射光谱红移。相反，引入给电子基团（—OCH$_3$、—CH$_3$）使 LUMO 的能级增大，引起相应光谱蓝移。因此，对于配合物 4-1，在 N^N 配体上引入不同的取代基可作为调节发光颜色的有效方法之一，且引入基团的供电子能力越强，光谱蓝移越明显。另外，随着溶剂极性的减小，这类配合物的光谱发生红移。EA、IP 和 λ 的计算结果表明，5 种配合物均可做电子传输材料。其中配合物 4-4 的 λ$_e$ 与 λ$_h$ 之差最小，进一步提高了 OLED 的器件性能，而且它可能具有较高的磷光量子产率，在所研究的配合物中最有可能成为有效的磷光材料。

参 考 文 献

[1] MINAEV B, BARYSHNIKOV G, AGREN H. Principles of phosphorescent organic light emitting deveces [J]. Phys. Chem., 2014, 16: 1719~1758.

[2] XIONG Y, XU W, LI C, et al. Utilizing white OLED for full color reproduction in flat panel display [J]. Org. Electron., 2008, 9: 533~538.

[3] WANG G F, LIU Y Z, CHEN X T, et al. Synthesis, structure and luminescent properties of rhenium (I) carbonyl complexes containing pyrimidine-functionalized N-heterocyclic carbenes [J]. Inorg. Chim. Acta., 2013, 394: 488~493.

[4] HO C L, LI H, WONG W Y. Red to near-infrared organometallic phosphorescent dyes for OLED applications [J]. J. Organomet. Chem., 2014, 751: 261~285.

[5] KIRGAN R, SIMPSON M, MOORE C, et al. Synthesis, characterization, photophysical, and computational studies of Rhenium (I) tricarbonyl complexes containing the derivatives of bipyrazine [J]. Inorg. Chem., 2007, 46: 6464~6472.

[6] LO K K-W, TSANG K H K. Bifunctional luminescent Rhenium (I) complexes containing an extended planar diimine ligand and a biotin moiety [J]. Organometallics, 2004, 23: 3062~3070.

[7] LOUIE M W, CHOI A W T, LIU H W, et al. Synthesis, emission characteristics, cellular studies, and bioconjugation properties of luminescent Rhenium (I) polypyridine complexes with a fluorous pendant [J]. Organometallics, 2012, 31: 5844~5855.

[8] WRIGHT P J, MUZZIOLI S, WERRETT M V, et al. Synthesis, photophysical and electrochemi-

cal investigation of dinuclear tetrazolato-bridged Rhenium complexes [J]. Organometallics, 2012, 31: 7566~7578.

[9] WRIGHT P J, AFFLECK M G, MUZZIOLI S, et al. Ligand-induced structural, photophysical, and electrochemical variations in tricarbonyl Rhenium (Ⅰ) tetrazolato complexes [J]. Organometallics, 2013, 32: 3728~3737.

[10] FRISCH M J, etc. Gaussian 09, Revision C. 01. Gaussian, Inc., Wallingford CT, 2010.

[11] HANEDER S, COMO E D, FELDMANN J, et al. Controlling the radiative rate of deep-blue electrophosphorscent organometallic complexes by singlet-triplet gap engineering [J]. Adv. Mater., 2008, 20: 3325~3330.

[12] WILSON J S, CHAWDHURY N, AL-MANDHARY M R A, et al. The energy gap law for triplet states in Pt-containing conjugated polymers and monomers [J]. J. Am. Chem. Soc., 2001, 123: 9412~9417.

[13] ZHANG T T, WEI J, YANG X Z, et al. Theoretical investigation of different functional groups effect on the photophysical performance of tricarbonylrhenium (Ⅰ) complexes with tetrathiafulvalene derivative as dyes in dye-sensitized solar cell [J]. Theor. Chem. Accout., 2015, 134 (65): 1~8.

[14] WEI J, ZHANG T T, JIA J F, et al. Effect of COOH group on the performance of rhenium (Ⅰ) tricarbonyl complexes with tetrathiafulvalene-fusedphenanthroline ligands as dyes in DSSC: DFT/TD-DFT theoreticalinvestigations [J]. Struct. Chem., 2015, 26: 421~430.

[15] YANG X Z, WANG Y L, GUO J Y, et al. The effect of group-substitution on structures and photophysical properties of rhenium (Ⅰ) tricarbonyl complexes with pyridyltetrazole ligand: A DFT/TDDFT study [J]. Mater. Chem. Phys., 2016, 178: 173~181.

[16] LI J, DJUROVICH P I, ALLEYNE B D, et al. Synthetic control of excited-state properties in cyclometalated Ir (Ⅲ)complexes using ancillary ligands [J]. Inorg. Chem., 2005, 44: 1713~1727.

[17] SMITH A R G, RILEY M J, LO S C, et al. Relativistic effects in a phosphorescent Ir (Ⅲ) complex [J]. Phys. Rev. B: Condens. Matter., 2011, 83: 041105.

[18] KOZHEVNIKOV D N, KOZHEVNIKOV V N, SHAFIKOV M Z, et al. Phosphorescence vs fluorescence in cyclometalated Platinum (Ⅱ) and Iridium (Ⅲ)complexes of (Oligo) thienylpyridines [J]. Inorg. Chem., 2011, 50: 3804~3815.

5 含硫配体的铼（Ⅰ）三羰基配合物作为染料分子的发光性能

5.1 引言

近年来，染料敏化太阳能电池（DSSC）被广泛研究，主要是由于其在太阳能到电能转换过程中的高效率和低成本的优点[1,2]。在 DSSC 中，染料敏化层的作用是敏化半导体电极，这对于能否实现能量的高效率转换十分重要。理想的染料敏化材料应该满足以下要求：（1）在半导体电极表面有良好的吸附性且在光照条件下稳定，另外与电极的电势相匹配以便促进电荷的注入。（2）具有足够宽的吸收带并且激发态寿命足够长，其能量应于半导体导带的能量相匹配。（3）具有较高的氧化还原电位，以便可以很快从电解液中获得电子使自身还原。

在过去的研究中，合成和表征了许多具有应用前景的染料分子，其中较多的是带有羧基的 Ru（Ⅱ）多吡啶配合物[3,4]，例如配合物 $[Ru(bpp)(dcbpyH_2)Cl]^+$（bpp = 2,6- 双(N- 吡唑基) 吡啶，$dcbpyH_2$ = 2,2′-联吡啶-4,4′-二羧酸。研究表明，羧基对于染料分子连接到半导体表面的作用是很关键的[5]。与钌配合物类似，含有 $fac-[Re(CO)_3]^+$ 的 Re 多吡啶配合物也引起了广泛关注。因为根据这类化合物的光物理、光化学以及激发态性质，它们可以作为染料且在 DSSC 上有潜在的应用[6~9]。例如，已经合成配合物 $fac\text{-}Re(deeb)(CO)_3(X)$，(deeb = 4,4′-$(COOEt)_2$-2,2′-联吡啶，X = I⁻，Br⁻，Cl⁻，or CN⁻) 和 $[fac\text{-}Re(deeb)(CO)_3(py)](OTf)$，(OTf =三氟甲磺酸，py =吡啶) 且被固定在纳米晶体 TiO_2 表面应用于 DSSC[10]。铼系列染料具有独特的平面构型，这使其能够在纳米 TiO_2 薄膜上实现比联吡啶钌类染料更加均匀的分子排布[11]。更重要的是，通过研究发现，Re（Ⅱ/Ⅰ）的氧化还原电位比其他的无机敏化剂要高，因此可以为染料氧化态的电子重组提供更大的驱动力，加大被电解质还原的速度。另外，DSSC 的性能与染料分子上羧基的数目和位置存在相关性。最近，一系列带有羧基的 Re（Ⅰ）三羰基吡啶配合物 $ReCl(CO)_3(H_2bpydt)$ 和 $ReCl(CO)_3(H_2bpyTTF)$（dt = 1,3- 二硫醇，TTF = 四硫富瓦烯，bpy = 联吡啶）已被合成，并且其作为敏化剂在 DSSC 上的性能也被研究[12]。另外，dt 和 TTF 配体一直受到关注，因为其在构建超分子多孔材料上表现出优越的性能[13~16]。目前研究这类含硫配体的铼三羰基配合物作为染料敏化电池的还较少，并且也未从电子结构的角度来解释其作用机理。还有一个问题就是，能否通过调节羰基的数目和位置来提高这类配合物的敏化性能。

在本章中，以配合物 ReCl(CO)$_3$(H$_2$bpydt)（配合物 5-1）和 ReCl(CO)$_3$(H$_2$bpyTTF)（配合物 5-3）作为母体，用量子化学的方法研究是否可以通过调节—COOH 的数目和在 ppy 配体上连接的位置来改善其在 DSSC 上的性能（见图 5-1）。另外，还计算研究了这类配合物的电子结构、吸收光谱以及氧化还原电动势，以便更清晰地理解它们作为染料用于 DSSC 的作用机理。这些结果将为设计和合成新的染料分子拓宽研究领域。

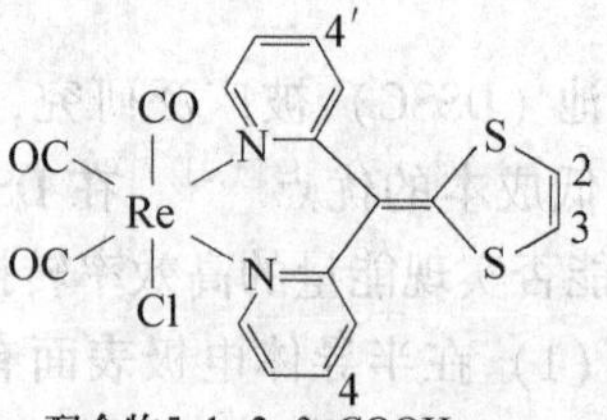

配合物5-1　2,3=COOH
配合物5-2　2,3,4,4'=COOH

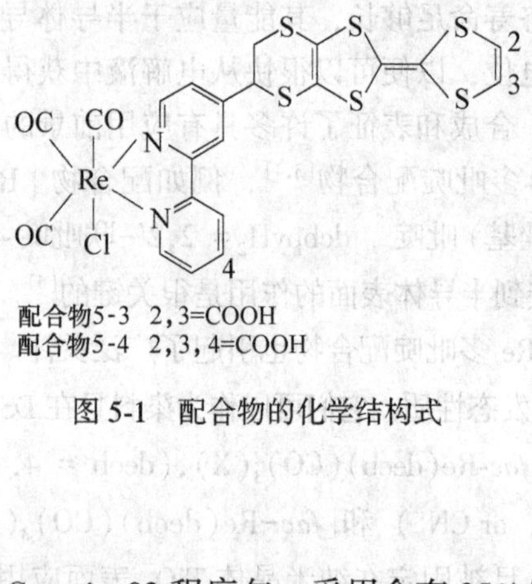

配合物5-3　2,3=COOH
配合物5-4　2,3,4=COOH

图 5-1　配合物的化学结构式

5.2　计算方法

所有的计算均采用 Gaussian03 程序包。采用含有 25% 的 Hartree-Fock 精确交换的 PBE1PBE 混合交换相关泛函来优化基态和激发态的稳定构型，计算中没有对称性限制。对 Re 原子采用了由 Hay 和 Wadt 提出的 14 价电子准相对论赝势模型，其他原子使用 6-31G（d）基组。在优化得到的 S$_0$ 和 T$_1$ 结构的基础上，用 TD-DFT（time-dependent DFT）方法结合 PCM（polarized continuum model）溶剂化模型，考查了该系列铼配合物在甲醇溶液中的分子轨道成分、吸收和发射光谱性质。前几章中已经说明对于此类金属配合物，这种理论计算方法及计算水平已经被证实是可靠的，并且计算结果与实验值一致。

体系 [ReCl(CO)$_3$L] 基态相对于标准甘汞电极 SCE 的氧化还原电势 $E^{\ominus}$ 可以根据热力循环[17]（见图 5-2）通过下面的公式计算得到：

$$E^{\ominus}_{[ReCl(CO)_3L]^+/[ReCl(CO)_3L]} = - \frac{\Delta G^{\ominus}_{[ReCl(CO)_3L]^+/[ReCl(CO)_3L]} - \Delta G^{\ominus}_{SCE}}{nF}$$

式中，$\Delta G^{\ominus}_{[ReCl(CO)_3L]^+/[ReCl(CO)_3L]} = -\Delta G^{\ominus}(aq)$，$\Delta G^{\ominus}(aq) = \Delta G^{\ominus}(gas) + \Delta G^{\ominus}(2) - \Delta G^{\ominus}(1)$，$\Delta G^{\ominus}_{SCE} = -4.1888eV^{[18]}$，$F = 23.06kcal/(mol \cdot V)$。以上所有的自由能变均在标准条件 298.15K 和 101.325kPa 下进行计算。

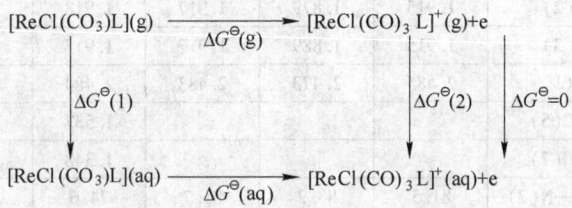

图 5-2 计算氧化还原电势的热力循环

5.3 结果和讨论

5.3.1 基态几何结构

优化得到的配合物基态构型如图 5-3 所示，其主要几何参数及配合物 $ReCl(CO)_3(Mebpydt)$ 和 $ReCl(CO)_3(MebpyTTF)$ 的实验值列于表 5-1 中。本章讨论的配合物 5-1 和配合物 5-2 是配合物 $ReCl(CO)_3(Mebpydt)$ 和 $ReCl(CO)_3(MebpyTTF)$ 的水解产物，它们的结构是相似的。

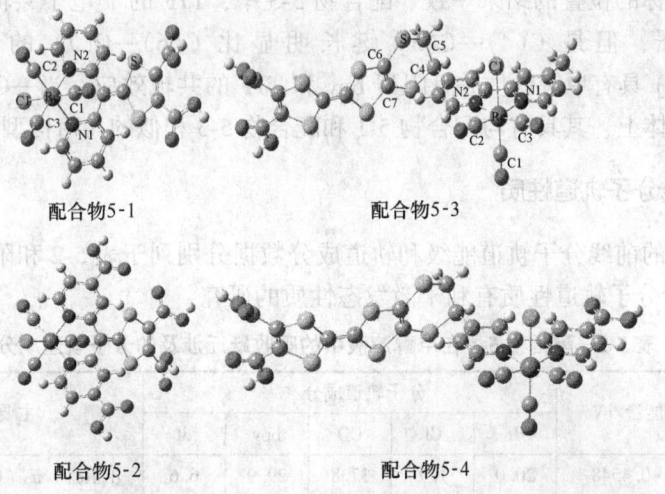

配合物5-1　　　　　配合物5-3

配合物5-2　　　　　配合物5-4

图 5-3 采用 PBE1PBE 方法优化得到的配合物基态结构图

表 5-1   用 PBE1PBE 方法计算得到的配合物基态的主要几何结构以及实验晶体结构数据

键参数		5-1		5-2	5-3		5-4
		S_0	实验值[①]	S_0	S_0	实验值[②]	S_0
键长/Å	Re—N(1)	2.207	2.206	2.200	2.173	2.165	2.165
	Re—N(2)	2.208	2.207	2.201	2.173	2.152	2.172
	Re—C(1)	1.904	1.857	1.906	1.909	1.897	1.911
	Re—C(2)	1.915	1.879	1.917	1.918	1.928	1.921
	Re—C(3)	1.915	1.889	1.917	1.917	1.860	1.918
	Re—Cl	2.485	2.473	2.483	2.484	2.482	2.482
	C(4)—C(5)				1.537	1.438	1.537
	C(6)—C(7)				1.348	1.315	1.348
键角/(°)	N(1)—Re—N(2)	81.5	83.2	81.7	74.6	75.0	74.9
	N(1)—Re—C(2)	173.8	174.0	174.4	170.7	175.1	170.7
	N(2)—Re—C(3)	173.6	177.9	174.3	170.5	173.5	170.6
	Cl—Re—C(1)	177.0	175.6	177.1	175.9	175.7	176.3

①② 实验数据来自文献 [12]。

从表 5-1 中可以看出，优化得到的键长和键角与实验值基本一致。所有配合物的基态几何都是一个扭曲的八面体构型，具有典型的 fac-[Re(CO)$_3$]$^+$ 结构并且 Cl 原子轻微倒向 N^N 配体。Re—C 和 Re—Cl 的键长和其他有类似结构的 Re 配合物中的键长基本一致[19]，N(1)—Re—N(2) 的键角小于 90°，这是由于二齿配体 bpy 的刚性结构引起的。配合物 5-1 中，两个吡啶环的构型像蝴蝶状，这是由于 bpy 配体的灵活性导致的；另外，Re—N 的键长几乎是相等的，这与两个配体几乎是对称的位置的结果一致。配合物 5-3 中，TTF 的 π 电子共轭效应延伸到 6 个硫原子，但是 C(4)—C(5) 键长明显比 C(6)—C(7) 的长，这说明 C(4)—C(5) 具有单键性质并且阻碍 bpy 和 TTF 的共轭效应。当—COOH 基团连接到 bpy 配体上，其具有与配合物 5-1 和配合物 5-3 相似的几何构型。

5.3.2   前线分子轨道性质

配合物的前线分子轨道能级和轨道成分数据分别列于表 5-2 和附表 32～附表 34 中。分析分子轨道性质有利于激发态性质的研究。

表 5-2   配合物 5-1 在甲醇溶液中的吸收跃迁涉及的分子轨道成分

轨道	能量/eV	分子轨道成分/%					主要键型
		Re	Cl	CO	bpy	dt	
L + 7	-0.4548	20.0	1.9	37.8	29.9	6.6	d(Re) + π*(CO) + π*(bpy)
L + 6	-0.5810	1.6		1.5	9.3	82.9	π*(dt)

轨道	能量/eV	分子轨道成分/%					主要键型
		Re	Cl	CO	bpy	dt	
L + 4	-0.6925	5.0		11.0	71.0	9.1	$\pi^*(CO) + \pi^*(bpy)$
L + 3	-1.3208	4.8	2.4	5.0	54.2	29.8	$\pi^*(bpy) + \pi^*(dt)$
L + 2	-1.3646	1.3		1.4	87.0	6.7	$\pi^*(bpy)$
L + 1	-2.0547	2.7		2.5	51.2	39.0	$\pi^*(bpy) + \pi^*(dt)$
L	-2.4858				1.4	84.0	$\pi^*(dt)$
HOMO-LUMO 能隙							
H	-6.1578	9.4	3.7	2.6	8.2	71.2	$d(Re) + \pi(bpy) + \pi(dt)$
H-1	-6.4306	48.3	25.2	21.3	1.4		$d(Re) + \pi(Cl) + \pi(CO)$
H-2	-6.5432	42.7	21.4	19.1	4.8	7.4	$d(Re) + \pi(Cl) + \pi(CO)$
H-3	-6.8460	59.7	1.8	24.0	7.9	2.8	$d(Re) + \pi(CO)$

从表 5-2 的计算结果可以看出，配合物 5-1 的最低未占据轨道（LUMO）主要是由 dt 配体贡献的，而 LUMO+1 主要是由 bpy 和 dt 配体贡献的；最高占据轨道（HOMO）是由 d(Re)、π(bpy) 和 π(dt) 组成的，其他占据轨道以金属 Re 的 5d 轨道为主要特征，同时伴有配体贡献的部分 π 轨道成分 π(Cl) 和 π(CO)。在配合物 5-2 中，当 bpy 和 dt 配体上均连接有—COOH 基团时，LUMO 主要是由 bpy 和 dt 配体贡献的，而 LUMO+1 主要是由 dt 配体贡献的；其占据轨道的成分与配合物 5-1 相似。类似地，配合物 5-4 与配合物 5-3 相比较，LUMO 的成分由 π^*(bpy) 变为 π^*(bpy) 和 π^*(TTF)，而 LUMO + 1 由 *(TTF) 贡献变为由 π^*(bpy) 和 π^*(TTF) 组成。配合物 5-3 与配合物 5-4 的 HOMO 轨道主要集中在 TTF 配体上（＞95%），而其他占据轨道的成分还混合有 d(Re) 的成分。另外，在配合物 5-2 与配合物 5-4 中，当 bpy 配体上连接有—COOH 基团时，其 LUMO 轨道的能量明显降低，即稳定了 LUMO 轨道，从而使 HOMO-LUMO 能隙变小。

从以上分析可以看出，前线分子轨道性质受—COOH 基团数目和位置的影响。尤其是 LUMO 总是趋向于分布在携带有羧基的配体上，这一特点对该配合物作为染料分子能在 DSSC 中有所应用至关重要。因为—COOH 链接单元是染料分子和 TiO$_2$ 半导体传送电荷的唯一通道[20]，激发后的电荷可以通过这个唯一的桥梁流向 TiO$_2$ 的导带。所以说，LUMO 的分布以及羧基的位置对于提升电荷收集效率十分关键。

5.3.3 甲醇溶液中的吸收光谱

表 5-3 给出了配合物的吸收光谱数据，其中包括激发能、振子强度、跃迁性

质归属以及配合物 5-1 和配合物 5-3 的实验值。通过高斯函数拟合得到的吸收光谱如图 5-4 所示，为了能够形象的表示跃迁过程，图 5-5 给出了最低吸收跃迁所涉及的分子轨道能量。

表 5-3　配合物的主要跃迁特征所对应的激发能（E），吸收波长（λ）和
跃迁振子强度（f），以及实验观测到的吸收参数（ε）

配合物编号	跃迁类型	|CI|	E/eV	D	λ_{cal}/nm	$\lambda_{exp}(\varepsilon)$[①]/nm	f	跃迁性质
	H → L	0.69436 (96%)	2.89	0.65	429		0.0485	$ML_{dt}CT/L_{bpy}L_{dt}CT/IL_{dt}CT$
	H → L+1	0.69151 (96%)	3.28	1.06	378	401 (8.7)	0.1706	$M(L_{bpy}L_{dt})CT/I(L_{bpy}L_{dt})CT$
5-1	H → L+3	0.60924 (74%)	3.92	1.68	316	323 (6.1)	0.0851	$M(L_{bpy}L_{dt})CT/I(L_{bpy}L_{dt})CT$
	H-1 → L+6	0.31727 (20%)	5.17	2.93	240		0.0704	$ML_{dt}CT/L_{Cl}L_{dt}CT/L_{CO}L_{dt}CT$
	H-3 → L+7	0.29960 (18%)						$ML_{CO}CT/ML_{bpy}CT/IL_{CO}CT/L_{CO}L_{bpy}CT$
	H → L	0.69968 (98%)	2.76	0.48	449		0.0951	$M(L_{bpy}L_{dt})CT/I(L_{bpy}L_{dt})CT$
	H → L+1	0.66833 (89%)	2.98	0.70	416		0.0442	$M(L_{bpy}L_{dt})CT/I(L_{bpy}L_{dt})CT$
	H → L+3	0.69933 (98%)	3.73	1.45	333		0.1524	$M(L_{bpy}L_{dt})CT/I(L_{bpy}L_{dt})CT$
	H-1 → L+4	0.38761 (30%)	4.62	2.34	269		0.0558	$ML_{bpy}CT/L_{Cl}L_{bpy}CT/L_{CO}L_{bpy}CT$
5-2	H → L+5	0.32564 (21%)						$M(L_{bpy}L_{dt})CT/I(L_{bpy}L_{dt})CT$
	H → L+6	0.30459 (19%)						$ML_{CO}CT/ML_{dt}CT/(L_{bpy}L_{dt})L_{CO}CT/IL_{dt}CT$
	H-1 → L+7	0.42819 (37%)	4.89	2.61	254		0.0494	$ML_{CO}CT/ML_{bpy}CT/L_{Cl}L_{CO}CT/L_{Cl}L_{bpy}CT/IL_{CO}CT$
	H-1 → L+4	0.34610 (24%)						$M(L_{bpy}L_{dt})CT/I(L_{bpy}L_{dt})CT$

续表 5-3

配合物编号	跃迁类型	|CI|	E/eV	D	λ_{cal}/nm	$\lambda_{exp}(\varepsilon)$①/nm	f	跃迁性质
5-3	H→L+1	0.69134(96%)	2.39	1.06	520		0.0240	$IL_{TTF}CT$
	H-3→L	0.59215(70%)	3.19	1.86	389	398 (5.4)	0.0952	$ML_{bpy}CT/L_{Cl}L_{bpy}CT/L_{CO}L_{bpy}CT/L_{TTF}L_{bpy}CT$
	H-2→L	0.35799(26%)						$ML_{bpy}CT/L_{TTF}L_{bpy}CT$
	H→L+7	0.51374(53%)	4.22	2.89	294	298 (29.3)	0.6550	$IL_{TTF}CT$
	H-5→L	0.21886(10%)						$L_{TTF}L_{bpy}CT/IL_{bpy}CT$
5-4	H→L	0.69907(98%)	2.22	0.75	559		0.0080	$L_{TTF}L_{bpy}CT/IL_{TTF}CT$
	H-3→L	0.64262(83%)	2.92	1.45	424		0.0944	$M(L_{bpy}L_{TTF})CT/L_{Cl}(L_{bpy}L_{TTF})CT/L_{CO}(L_{bpy}L_{TTF})CT$
	H→L+7	0.39122(31%)	4.21	2.74	294		0.3481	$IL_{TTF}CT$
	H-3→L+3	0.29425(17%)						$M(L_{bpy}L_{TTF})CT/L_{Cl}(L_{bpy}L_{TTF})CT/L_{CO}(L_{bpy}L_{TTF})CT$
	H-1→L+3	0.26855(14%)						$M(L_{bpy}L_{TTF})CT/L_{TTF}L_{bpy}CT/IL_{TTF}CT$

① 实验数据来自文献 [12]。

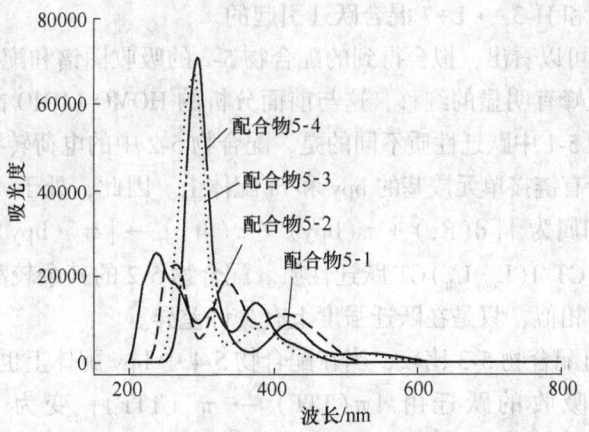

图 5-4　拟合得到的配合物在甲醇溶液中的吸收光谱

对于配合物 5-1 而言，429nm 处的最低吸收峰主要是由 HOMO → LUMO 跃迁引起的。结合表 5-2 的数据可以看出，该跃迁可以归结为 $\{[d(Re) + \pi(bpy) + \pi(dt)] \to [\pi^*(dt)]\}$，即金属核心及 bpy、dt 配体到配体 dt 的电荷转移跃迁

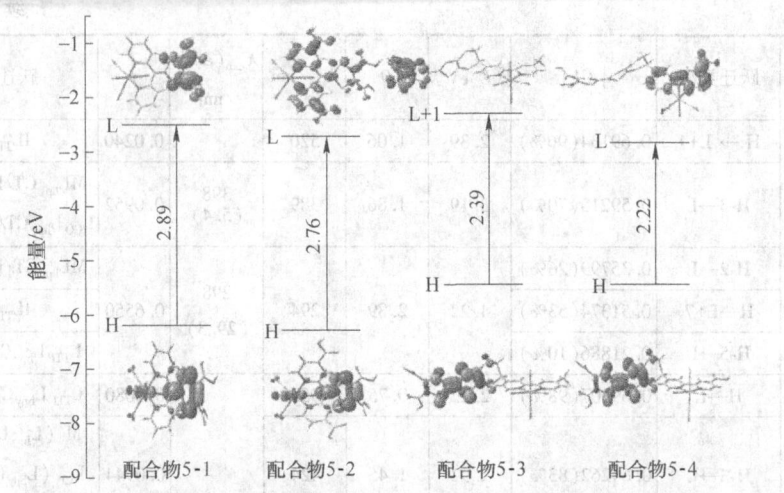

图 5-5　配合物的最低吸收跃迁所涉及的分子轨道能量

$ML_{dt}CT/L_{bpy}L_{dt}CT/IL_{dt}CT$，同时链接的羧基单元也有参与。理论预测的 429nm 处的吸收峰并没有在实验观测中显现，可能是由于该吸收峰对应的跃迁强度太小（$f = 0.0119$，是众多跃迁中强度最弱的）。其他两个较强的吸收峰位于 378nm 和 316nm，它们的跃迁均起始于 HOMO，但是终止于不同的空轨道，不过它们具有相同的跃迁性质，即 $M(L_{bpy}L_{dt})CT/I(L_{bpy}L_{dt})CT$。另外，这两个吸收峰与实验上测得的位于 401nm 和 323nm 处的吸收峰有关。位于 240nm 处的最强的吸收峰是由 H-1 → L+6 和 H-3 → L+7 混合跃迁引起的。

　　从图 5-4 中可以看出，拟合得到的配合物 5-2 的吸收图谱和配合物 5-1 的十分类似，只是吸收峰有明显的红移，这与前面分析的 HOMO-LUMO 能隙的变化结果一致。和配合物 5-1 中跃迁性质不同的是，配合物 5-2 中的电荷转移跃迁的终止轨道都局域在携带有链接单元羧基的 bpy 和 dt 配体上。因此，处于 449nm 的最低能吸收峰的跃迁归属为 $\{[d(Re) + \pi(bpy) + \pi(dt)] \to [\pi^*(bpy) + \pi^*(dt)]\}$，具有 $M(L_{bpy}L_{dt})CT/I(L_{bpy}L_{dt})CT$ 跃迁性质。配合物 5-2 的其余较高能的吸收性质与配合物 5-1 的相似，只是在跃迁强度上有少许差异。

　　类似地，与配合物 5-3 比较，当在配合物 5-4 中 bpy 配体上也连接有—COOH 基团时，最低吸收的跃迁由 $\{\pi(TTF) \to \pi^*(TTF)\}$ 变为 $\{[\pi(TTF)] \to [\pi^*(bpy) + \pi^*(TTF)]\}$，并且有明显的红移。概括地说，4 个配合物的最低吸收跃迁轨道都是以带有—COOH 基团的配体终止的。尤其需要指出的是，与配合物 5-1 和配合物 5-3 比较，在配合物 5-2 和配合物 5-4 中，当—COOH 连接在 bpy 和 dt(TTF) 上时，其最低能吸收峰出现在较低能区域，即光收集效率提高。所以，配合物 5-2 和配合物 5-4 比其母体的吸收带对 DSSC 的应用有利。

5.3.4 配合物在 DSSC 中表现的理论研究

在本章的计算中，DSSC 电池的半导体[21]是 TiO_2，相对于干汞电极（SCE）的价带和导带分别是 2.5eV 和 -0.7eV。DSSC 效率（IPCE）是入射光子的电流效率，与吸光效率（LHE）、电子注射效率（Φ_{inj}）还有电荷的收集效率（η_c）有关。可以表达为：

$$IPCE = LHE \times \Phi_{inj} \times \eta_c$$

这里，Φ_{inj} 取决于激发态的热力学驱动力（D）的大小：

$$\Phi_{inj} \propto f(D) \qquad D = |E^\ominus - \Delta E - E_{cb}|$$

式中，E_{cb} 为 TiO_2 的导带（相对于 SCE）；ΔE 为垂直激发能，通过 TD-DFT 计算得到。理论上讲，要使电荷跃迁在能量上允许，一个方面要确保染料分子在激发态的氧化还原电势 E^0 要高于半导体的导带；另一个方面，激发态的能级必须适中，以便有足够的热动力学驱动力，完成电子的注入（也就是较大的 D 值）。

根据表 5-4 计算得到的数据，配合物 5-1 在基态的氧化还原电动势比 TiO_2 的导带低 2.3eV。因此，染料分子 5-1 需要至少吸收 2.3eV 的能量，才能把一个电子激发到较高的能级上去，进而才有可能传递到 TiO_2 的导带；对于配合物 5-3，大约至少需要 1.4eV 的能量。研究发现，配合物 5-1 和配合物 5-3 的吸收谱中，除了最低吸收峰，其他的吸收峰都有足够的能量完成有效的电子注入。因为最低吸收峰的振子强度较弱，这将会减弱吸光效率，从而减弱 IPCE，因此，配合物 5-1 和配合物 5-3 作为染料分子在 DSSC 中的应用前景将受到一定的限制，这也许可以解释为何实验上观测到基于配合物 5-1 和配合物 5-3 的 DSSC 的性能不是很高。这里，假设染料分子在甲醇溶液中的能级和链接到 TiO_2 薄膜上的能级相差不大，而且这个假设已经被前人的研究结果所证实[22]。

表 5-4 吉布斯自由能（ΔG_{aq}）和基态的氧化还原电势（$E^\ominus$）的计算值

配合物编号	$\Delta G_{aq}/AU$	$E^\ominus$(vs. SCE)/V
5-1	0.2106	1.540
5-2	0.2120	1.579
5-3	0.1769	0.623
5-4	0.1822	0.768

然而，当在配合物 5-2 中，配体 bpy 和 dt 上均连接—COOH 基团时，吸收光谱比配合物 5-1 有明显的红移，并且所有的激发均有较强的振子强度和足够的驱动力（D，最小 0.48eV，最大 2.34eV，见表 5-3）完成有效的电子注射。对于配合物 5-4，低于 425nm 的吸收均为有效的吸收，这比配合物 5-3 有更多的能量吸收。另外，有效的跃迁中所涉及的空轨道主要是携带有羧基的配体（配合物 5-2

中是 bpy 和 dt，配合物 5-4 中是 bpy 和 TTF），这将有效地促进电荷通过羧基转移到 TiO₂ 上。因此，把链接单元羧基从母体配合物 5-1（配合物 5-3）中的 dt(TTF) 配体移动到 bpy、dt(TTF) 配体上时，形成的新的配合物 5-2 和配合物 5-4 更适合作为染料分子，在 DSSC 应用中有望取得更高的功效。

5.4　小结

　　用量子化学的方法系统地研究了 4 个以 Re(Ⅰ) 为核心的染料分子的电子结构和光谱性质，并着重评估了它们在 DSSC 中的潜在应用价值。计算结果表明，前线分子轨道的性质受羧基数目和位置的影响，尤其是 LUMO 的分布主要是在链接有羧基单元的配体上时。并且，配合物 5-2 和配合物 5-4 与其母体比较，LUMO 的能量明显降低，从而减小了 HOMO-LUMO 的能隙。另外，链接单元羧基链接在哪个配体上，电荷转移跃迁就以 MLCT 并伴有 ILCT 的特征局域在哪个配体上。新设计的 bpy 和 dt(TTF) 配体上均携带有羧基的配合物 5-2 和配合物 5-4 具有更好的激发态，在 DSSC 中的应用前景有望好于母体配合物 5-1 和配合物 5-3。

参 考 文 献

[1] GRäTZEL M. Photoelectrochemical cells [J]. Nature, 2001, 414: 338~344.
[2] GREEN M A, EMERY K, HISHIKAWA Y, et al. Solar cell efficiency tables (version 33) [J]. Progr. Photovolt. : Res. Appl. , 2009, 17: 85~94.
[3] ARGAZZI R, IHA N Y M, ZABRI H, et al. Design of molecular dyes for application in photo-electrochemicaland electrochromic devices based on nanocrystallinemetal oxide semiconductors [J]. Coord. Chem. Rev. , 2004, 248: 1299~1316.
[4] CHEN C Y, WU S J, CHEN C G, et al. A ruthenium complex with super high light-harvesting capacity for dye-sensitized solar cells [J]. Angew. Chem. Int. Ed. , 2006, 45: 5822~5825.
[5] NAZEERUDDIN M K, PÉCHY P, RENOUARD T, et al. Engineering of efficient panchromatic sensitizers for nanocrystalline TiO₂-based solar cells [J]. J. Am. Chem. Soc. , 2001, 123: 1613~1624.
[6] SI Z, LI J, LI B, et al. Synthesis, structural characterization, and electrophosphorescent properties of Rhenium (Ⅰ) complexes containing carrier-transporting groups [J]. Inorg. Chem. , 2007, 46: 6155~6163.
[7] WANG K, HUANG L, GAO L, et al. Synthesis, crystal structure, and photoelectric properties of Re(CO)₃ClL(L = 2-(1-Ethylbenzimidazol-2-yl) pyridine) [J]. Inorg. Chem. , 2002, 41: 3353~3358.
[8] KILSA K, MAYO E I, BRUNSCHWIG B S, et al. Anchoring group and auxiliary ligand effects on the binding of Ruthenium complexes to nanocrystalline TiO₂ photoelectrodes [J].

J. Phys. Chem. B, 2004, 108: 15640~15651.

[9] SUN S S, LEES A J. Synthesis and photophysical properties of dinuclear organometallic Rhenium (Ⅰ)diimine complexes linked by pyridine-containing macrocyclic phenylacetylene ligands [J]. Organometallics, 2001, 20: 2353~2358.

[10] HASSELMANN G M, MEYER G J. Diffusion-limited interfacial electron transfer with large apparent driving forces [J]. J. Phys. Chem. B, 1999, 103: 7671~7675.

[11] HASSELMANN G M, MEYER G J. Sensitization of nanocrystalline TiO_2 by Re (Ⅰ)polypyridyl compounds [J]. Z. Phys. Chem. , 1999, 212: 39~44.

[12] CHEN Y, LIU W, JIN J S, et al. Rhenium (I)tricarbonyl complexes with bispyridine ligands attachedto sulfur-rich core: Syntheses, structures and properties [J]. J. Organomet. Chem. , 2009, 694: 763~770.

[13] OUAHAB L, ENOKI T. Multiproperty molecular materials: TTF-Based conducting and magnetic molecular materials [J]. Eur. J. Inorg. Chem. , 2004: 933~941.

[14] SEGURA J L, MARTIN N. New concepts in tetrathiafulvalene chemistry José L. Segura and Nazario Martín [J]. Angew. Chem. Int. Ed. , 2001, 40: 1372~1409.

[15] ENOKI T, MIYAZAKI A. Magnetic TTF-based charge-transfer complexes [J]. Chem. Rev. , 2004, 104: 5449~5478.

[16] JI Y, ZHANG R, LI Y J, et al. Syntheses, structures, and electrochemical properties of Platinum (Ⅱ) complexes containing di-tert-butylbipyridine and crown ether annelated dithiolate ligands [J]. Inorg. Chem. , 2007, 46: 866~873.

[17] JAQUE P, MARENICH A V, CRAMER C J, et al. Computational electrochemistry: the aqueous Ru^{3+}/Ru^{2+}reduction potential [J]. J. Phys. Chem. C, 2007, 111: 5783~5799.

[18] XU L C, SHI S, LI J, et al. A combined computational and experimental study on DNA-photocleavage of Ru (Ⅱ) polypyridyl complexes $[Ru(bpy)_2(L)]^{2+}$ (L = pip, *o*-mopip and *p*-mopip) [J]. Dalton Trans. , 2008, 2: 291~301.

[19] BUSBY M, LIARD D J, MOTEVALLI M, et al. Molecular structures of electron-transfer active complexes$[Re(XQ^+)(CO)_3(NN)]^{2+}$($XQ^+$ = N-Me-4,4′-bipyridiniumor N-Ph-4,4′-bipyridinium; NN = bpy, 4,4′-Me2-2, 2′-bpy or N, N′-bis-isopropyl-1,4-diazabutadiene) in the solid stateand solution: an X-ray and NOESY NMR study [J]. Inorg. Chim. Acta, 2004, 357: 167~176.

[20] WANG J, BAI F Q, XIA B H, et al. On the viability of cyclometalated Ru (Ⅱ)complexes as dyes in DSSC regulated by COOH group, a DFT study [J]. Phys. Chem. Phys. , 2011, 13: 2206~2213.

[21] KALYANASUNDARAM K, GRäTZEL M, Applications of functionalized transition metal complexes in photonic and optoelectronic devices [J]. Coord. Chem. Rev. , 1998, 177: 347~414.

[22] KUCIAUSKAS D, MONAT J E, VILLAHERMOSA R, et al. Transient absorption spectroscopy of ruthenium and osmium polypyridyl complexes adsorbed onto nanocrystalline TiO_2 photoelectrodes [J]. J. Phys. Chem. B, 2002, 106: 9347~9358.

6 羧基位置和数目对铼（I）配合物作为染料敏化剂性能的影响

6.1 引言

随着人类社会的快速发展，化石燃料等不可再生能源持续消耗，而人们对能源需求逐年增长，解决能源问题成为全球关注的热点之一。因此，清洁环保可再生的新能源的开发和利用现已成为解决全球能源问题的突破口。在所有可再生能源问题中，太阳能具有其他可再生新能源所不可比拟的优势，如：蕴含能量丰富，获取无限制，清洁环保等，成为研究开发的首选对象。1991 年 Grätzel 和 O'Regan 首次报道了 DSSC，自此 DSSC 成为利用太阳能成本最低、最具应用前景的设备之一。在过去的二十多年中，科研工作者们已经投入大量的精力和心血来制备得到性能好的 DSSC。然而，不尽人意的是，直到现在 DSSC 的总效率仍低于硅光伏电池。提高其工作效率的关键之一是能合成出高敏化性能的染料敏化剂。目前，已有很多染料敏化分子被合成并应用到 DSSC 中。理想的染料敏化剂必须具备特有性质：（1）染料敏化剂应尽可能多地吸收整个太阳光光谱的光。（2）具有能吸附在半导体（通常为 TiO_2）表面的吸附基团（通常为—COOH），并可将激发态电子传输到半导体（TiO_2）导带中。（3）被激发的染料敏化剂可以被电解质中的电解对有效还原，实现多次循环利用。

一般最常见的光染料敏化剂是金属配合物，特别是吸收光谱在太阳光可见光区具有金属到配体电荷跃迁特性（MLCT）的 Ru(II) 配合物。而近年来，具有独特优点的 Re (I) 配合物作为染料敏化剂用于 DSSC 也得到越来越多的研究[1,2]，例如，配合物 fac-Re(deeb)(CO)$_3$(X)，(deeb = 4,4'-(COOEt)$_2$-2,2'-联吡啶，X = I$^-$，Br$^-$,Cl$^-$,or CN$^-$) 和配合物 [fac − Re(deeb)(CO)$_3$(py)] (OTf)，(OTf$^-$ =三氟甲磺酸，py = 吡啶)[3, 4]，已作为染料敏化剂，吸附于纳米 TiO_2 薄膜表面用于 DSSC 的制备。具有独特的平面结构的铼系列金属染料敏化剂比钌金属染料敏化剂更易、更好、更加均匀地吸附在纳米 TiO_2 薄膜上。通过研究发现铼配合物具有较高的氧化还原电势，使得其激发态更易被电解质还原再生。另外，更重要的是铼配合物具有化学和光化学稳定性，有较长的激发态寿命和光吸收能力[5,6]。

本章考查了两类铼（I）金属配合物的光谱性质和敏化性能，应用量子化学计算方法来研究讨论分子的微观电子结构，并应用连续极化介质模型，更加深入地分析分子的前线分子轨道性质与吸收光谱的性质，从本质上揭示了连接在铼金属配合物配体上的—COOH和不同官能团对其光电性质的影响作用，同时评估了所设计的敏化剂的性能，希望这些理论工作能够对设计和合成新型高敏化性能的染料敏化剂提供一些新的思路与参考。

6.2 羧基数目和位置对敏化性能的影响

文献报道已合成含有 TTF 和 phen（TTF = 四硫富瓦烯，phen = 邻菲罗啉）配体的 Re(I) 三羰基配合物[7]。具有非常好的氧化还原活性的 TTF 配体常被作为电荷传输系统构建一些如分子电子器件、非线性光学材料、有机金属以及染料敏化剂等的多功能材料[8,9]。本节的研究选用 Re(CO)₃Cl(L′)（配合物 6-1）（L′ = 4′, 5′- 双（甲氧羰基）二硫代四硫代富尿酰基[4,5-f][1,10]-邻菲罗啉）作为母体。此配合物通过水解过程很容易就可以将其中的酯基水解为羧基，得到含有羧基的配合物 Re(CO)₃Cl(L)（配合物 6-2）（L = 4′,5′-双（羧基）二硫代四硫富烯基[4,5-f][1,10]-邻菲罗啉），如图 6-1 所示。

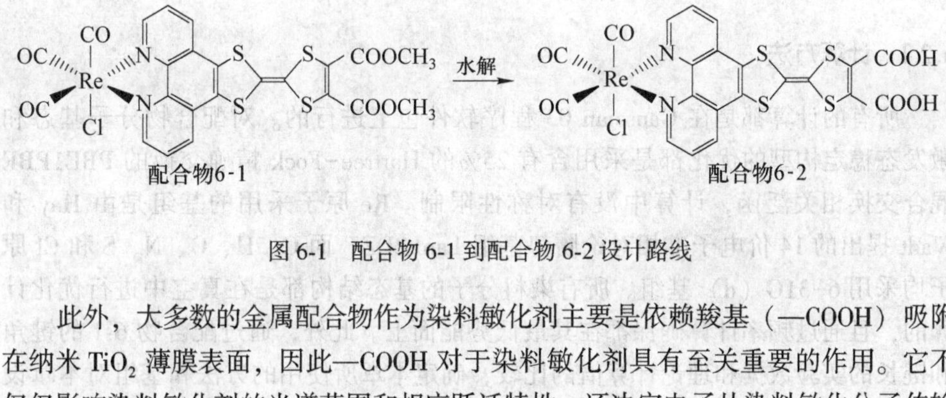

图 6-1　配合物 6-1 到配合物 6-2 设计路线

此外，大多数的金属配合物作为染料敏化剂主要是依赖羧基（—COOH）吸附在纳米 TiO₂ 薄膜表面，因此—COOH 对于染料敏化剂具有至关重要的作用。它不仅仅影响染料敏化剂的光谱范围和相应跃迁特性，还决定电子从染料敏化分子传输到 TiO₂ 导带的速率[10]。关于羧基对染料敏化剂的吸收光谱性质影响的研究已有一些相关报道，但是，关于含有 TTF 和 Phen 配体的 Re(I) 三碳基配合物作为染料敏化剂性能研究的相关报道几乎没有。实际上，通过理论计算，可以更好地解释一些假设，并且获得其他一些有关染料敏化剂重要性能的信息。同时，理论计算结果与实验数据的高度吻合也表明理论计算对于研究染料敏化剂性能是个非常有效的手段。近年来，也有科研工作者运用理论计算的方法有效地研究了一些 Re(I) 三羰基配合物性质[11,12]。为了更好地了解配合物 Re(CO)₃Cl(L′) 中连接在 Phen 配体上羧基的数目和位置对其作为染料敏化剂性能的影响，通过改变羧基的位置和数目设计了一系列染料分子 Re(CO)$_3$Cl(H$_n$L)（$n=1$，a1~a3；$n=2$，b1~b9；L＝4′,5′-双（羧基）二硫代四硫富烯基[4,5-f]-[1,10]-邻菲罗啉），见图6-2，其中 a 和 b 代表的是—COOH 的数目，1~9 代表的是 Phen 配体上—COOH 不同的位置。本章从分子几何结构、前线分子轨道性质、吸收光谱和其他一些相关参数分析该系列配合物作为染料敏化剂的性能，并筛选出能提高 DSSC 总效率性能最优染料敏化分子。

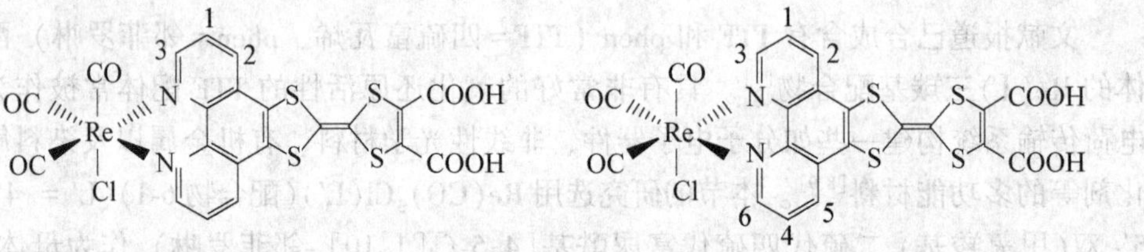

1=COOH:a1　　　　1,4=COOH:b1　1,6=COOH:b2　1,5=COOH:b3
2=COOH:a2　　　　3,6=COOH:b4　2,5=COOH:b5　2,6=COOH:b6
3=COOH:a3　　　　1,3=COOH:b7　1,2=COOH:b8　2,3=COOH:b9

图 6-2　配合物 a1~配合物 a2 和配合物 b1~配合物 b9 的结构式

6.2.1　计算方法

所有的计算都是在 Gaussian 03 程序软件包上进行的。对配合物分子基态和激发态稳定构型的优化都是采用含有 25% 的 Hartree-Fock 精确交换的 PBE1PBE 混合交换相关泛函，计算中没有对称性限制。Re 原子采用的基组是由 Hay 和 Wadt 提出的 14 价电子准相对论赝势基组 LanL2DZ，而 C、H、O、N、S 和 Cl 原子均采用 6-31G（d）基组。所有染料分子的基态结构都是在真空中进行优化计算的，且通过频率计算确保都在其最低势能面上。此外，通过配合物 6-1 的键角和键长的实验数据和理论计算值的比较，确定本章所使用的方法和基组对本章设计的未知配合物理论预测的可靠性。

在优化的结构基础上，对其激发态的计算采用含时密度泛函理论（TD-DFT），并且结合极化连续介质模型（PCM）来深入地分析该系列 Re 配合物在二氯甲烷溶液（CH$_2$Cl$_2$）中激发态的前线分子轨道和吸收光谱性质，以及其他敏化性能相关的参数。该理论计算方法已被证实是可靠有效的。

6.2.2　基态几何结构

优化后的配合物基态结构如图 6-3 和图 6-4 所示，其中配合物的主要键角和键长列在表 6-1 中。

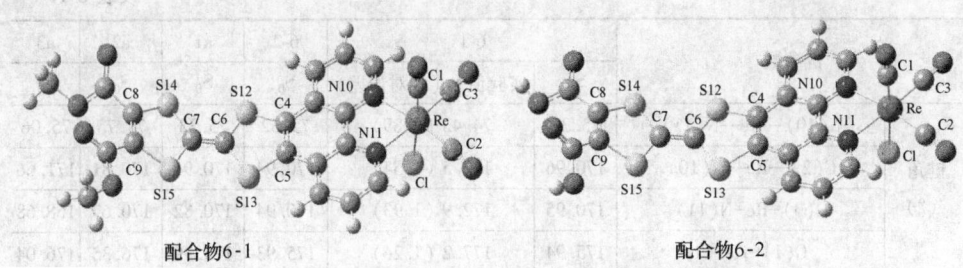

配合物6-1   配合物6-2

图 6-3 PBE1PBE 方法优化得到的配合物 6-1 和配合物 6-2 的基态结构图

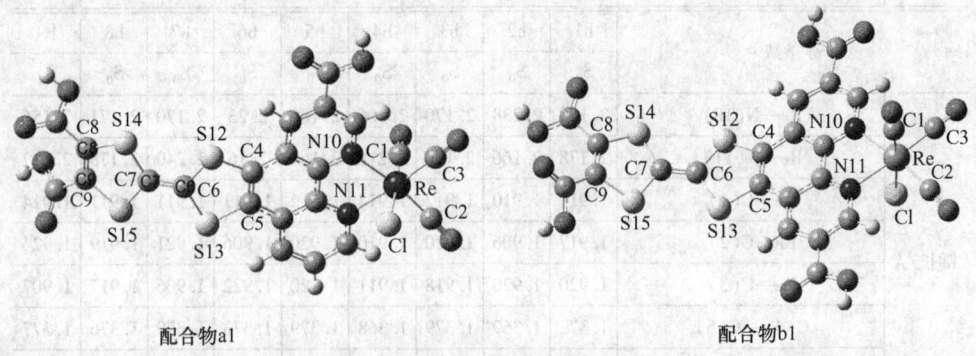

配合物a1   配合物b1

图 6-4 PBE1PBE 方法优化得到的配合物 a1 和配合物 b1 的基态结构图

表 6-1 PBE1PBE 方法计算得到的配合物基态的主要
几何参数以及配合物 6-1 的实验晶体结构参数

键参数		6-1		6-2	a1	a2	a3
		S_0	实验值[①]（绝对误差）	S_0	S_0	S_0	S_0
键长/Å	Re—N(10)	2.181	2.190（0.009）	2.180	2.179	2.169	2.166
	Re—N(11)	2.180	2.193（0.013）	2.180	2.181	2.173	2.231
	Re—C(1)	1.910		1.910	1.910	1.911	1.913
	Re—C(2)	1.916		1.917	1.918	1.918	1.922
	Re—C(3)	1.917		1.917	1.916	1.919	1.904
	C(4)—C(5)	1.371	1.354（0.017）	1.371	1.371	1.379	1.369
	C(6)—C(7)	1.349	1.353（0.004）	1.349	1.349	1.348	1.349

续表 6-1

键参数		6-1		6-2	a1	a2	a3
		S_0	实验值[1]（绝对误差）	S_0	S_0	S_0	S_0
键角/(°)	N(10)—Re—N(11)	75.32	74.43 (0.89)	75.32	75.33	74.75	75.06
	C(2)—Re—N(10)	170.96	172.5 (1.54)	170.94	170.94	170.81	171.66
	C(3)—Re—N(11)	170.95	172.9 (1.93)	170.94	170.82	170.67	168.68
	C(1)—Re—Cl	175.94	177.2 (1.26)	175.93	175.99	176.35	176.04
二面角/(°)	S(12)—S(13)—S(14)—S(15)	179.46		179.85	179.94	178.35	180.00
	C(4)—C(5)—C(8)—C(9)	179.18		178.67	178.96	177.99	178.68

键参数		b1	b2	b3	b4	b5	b6	b7	b8	b9
		S_0	S_0	S_0	S_0	S_0	S_0	S_0	S_0	S_0
键长/Å	Re—N(10)	2.179	2.238	2.170	2.206	2.166	2.23	2.170	2.171	2.156
	Re—N(11)	2.178	2.166	2.170	2.218	2.167	2.16	2.240	2.178	2.217
	Re—C(1)	1.911	1.910	1.912	1.914	1.912	1.911	1.911	1.911	1.914
	Re—C(2)	1.917	1.906	1.912	1.910	1.920	1.906	1.921	1.919	1.924
	Re—C(3)	1.920	1.920	1.918	1.911	1.920	1.922	1.906	1.917	1.907
	C(4)—C(5)	1.372	1.369	1.379	1.368	1.379	1.373	1.370	1.376	1.377
	C(6)—C(7)	1.349	1.349	1.349	1.349	1.350	1.349	1.349	1.349	1.348
	C(8)—C(9)	1.352	1.352	1.351	1.352	1.352	1.349	1.352	1.351	1.352
键角/(°)	N(10)—Re—N(11)	75.36	75.18	74.83	75.18	74.70	74.94	75.19	74.79	74.53
	C(2)—Re—N(10)	170.72	168.81	170.86	170.27	170.64	168.54	173.85	170.80	171.89
	C(3)—Re—N(11)	170.78	172.19	170.42	169.60	170.68	172.45	169.09	170.70	168.14
	C(1)—Re—Cl	176.05	176.12	176.40	177.79	176.63	176.39	175.37	176.21	176.79
二面角/(°)	S(12)—S(13)—S(14)—S(15)	179.81	179.59	177.83	179.76	179.23	179.67	179.87	178.67	177.94
	C(4)—C(5)—C(8)—C(9)	178.66	178.76	177.97	178.75	177.84	179.89	178.70	178.35	177.88

① 实验数据见文献 [7]。

通过比较可以看出，配合物 6-1 的计算结果和实验测得的晶体数值几乎相吻合。配合物 6-2 是配合物 6-1 的水解产物，而其他配合物都是在配合物 6-2 的结构上设计而得到的，它们和配合物 6-1 有着非常相似的结构排列，唯一的不同之处就是连在 phen 配体—COOH 的数目和位置不同。通过对键角数值的分析比较可以发现，所有设计的 Re(Ⅰ) 金属配合物的基态几何结构都是扭曲的八面体构型，其轴向两个位置分别是被一个 Cl 原子和一个 CO 所占据，而占据赤道面的四个位置分别由两个 CO 和两个 phen 上的 N 原子占据。所有配合物二面角 S(12)—S(13)—S(14)—S(15) 几乎在 177.88°~180.00°，由此可见，phen-TTF

与中心金属原子配位几乎是共平面的，这将有助于染料分子在纳米 TiO$_2$ 薄膜上更加均匀地分布。此外，由于轴向和赤道位置的配体到中心金属的反键能力的不同，导致近一半的配合物轴向上的 Re—C 的键要比赤道面上的 Re—C 键长短。然而，配合物 a3，b2，b4，b6，b7 和 b9 中的赤道位置上的 Re—C(2) 和 Re—C(3) 的键长要比轴向上的 Re—C(1) 键长短。这可能是由于这些轴向位置上的 CO 离 phen 配体上的—COOH 较近（见图 6-4）而产生相互作用导致的。总之，phen 配体所连接—COOH 的数目和位置的不同对这些配合物的结构是会产生一定的影响。

6.2.3 基态分子前线轨道性质

分子前线轨道（FMOs）的特性对研究激发态和吸收光谱跃迁性质有着至关重要的作用。本章从微观电子结构详细地分析所设计全部 Re（Ⅰ）金属配合物的前线分子轨道的性质，配合物 6-2、配合物 a1 ~ 配合物 a2、配合物 b1 ~ 配合物 b9 的主要分子轨道的成分、轨道能级和键的类型分别列于附表 35 ~ 附表 47 中，为了更加直观地了解比较分析分子轨道能级，将其呈现于图 6-5 中。此外，图 6-6 给出了它们对应分子轨道组分可视图。

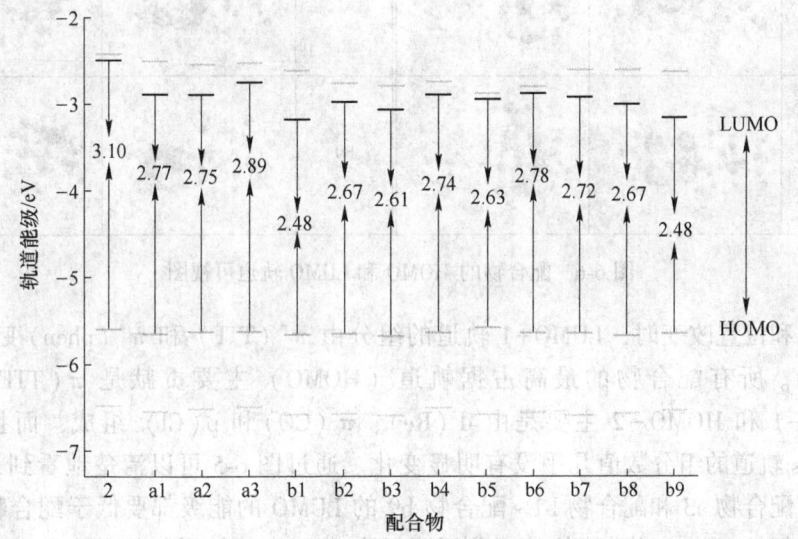

图 6-5 配合物的分子轨道能级图

根据所得到的数据可知，所有分子的最低空轨道（LUMO）的组分几乎都是由 phen 配体贡献的，其组分都大于等于 85.83%。配合物 6-2 的 LUMO+1 轨道主要是由 59.02% 的 π^*（TTF）和 36.95% 的 π^*（phen）组成，而其他配合物主要是由 80% 以上的 π^*（phen）组成。因此可得，当配合物中 phen 配体上—COOH

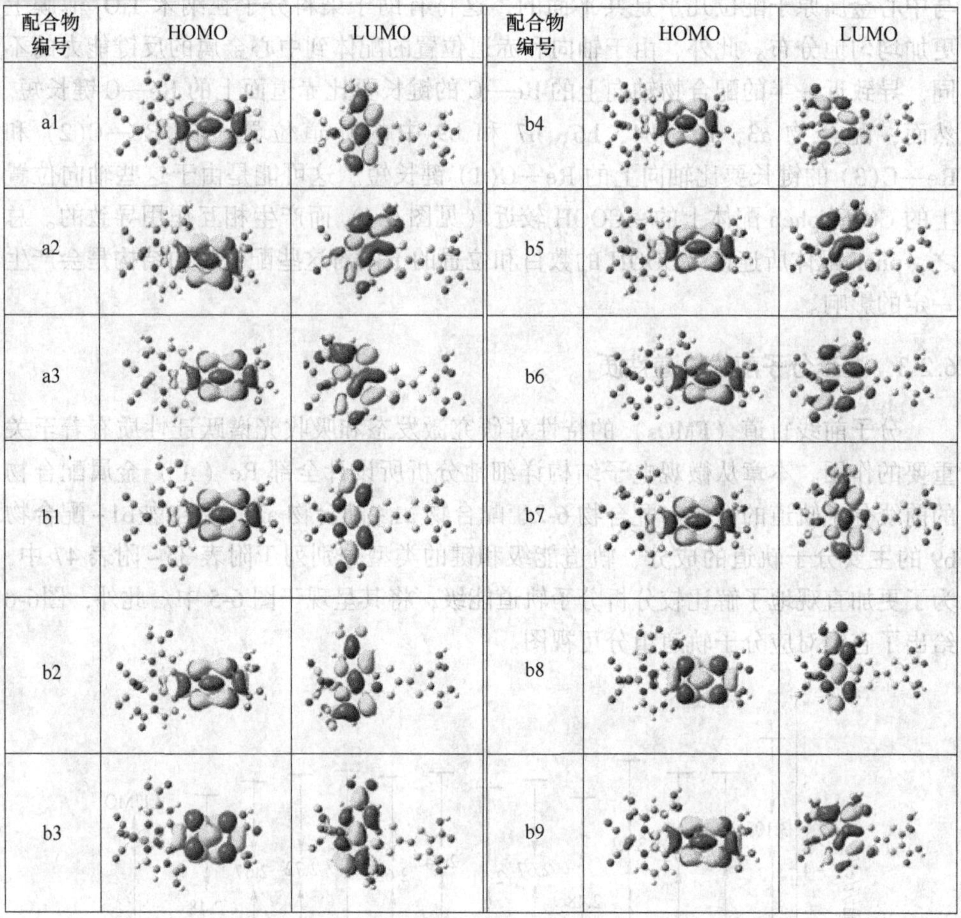

配合物编号	HOMO	LUMO	配合物编号	HOMO	LUMO
a1			b4		
a2			b5		
a3			b6		
b1			b7		
b2			b8		
b3			b9		

图 6-6　配合物的 HOMO 和 LUMO 轨道可视图

的数目和位置改变时，LUMO+1 轨道的组分由 π^*（TTF）和 π^*（phen）变为 π^*（phen）。所有配合物的最高占据轨道（HOMO）主要贡献是 π（TTF），而 HOMO-1 和 HOMO-2 主要是由 d（Re）、π（CO）和 p（Cl）组成，而且所有 HOMOs 轨道的组分数值几乎没有明显变化。通过图 6-5 可以清楚地看到，配合物 a1~配合物 a3 和配合物 b1~配合物 b9 的 LUMO 的能级都要低于配合物 6-2，而且它们的 LUMO 轨道能级的变化要明显大于 HOMO 轨道能级的变化，这也将使得所设计的 Re（Ⅰ）金属配合物的轨道能级差要小于母体分子。根据前人的研究可知，能级差越小，DSSC 的总能量就越高，由此可推测所设计的分子的敏化性能要优于配合物 6-2。

　　除此之外，染料敏化剂主要是依靠—COOH 吸附于纳米 TiO$_2$ 薄膜上，并且通过—COOH 将激发到 LUMO 轨道上的电子快速地注入到 TiO$_2$ 导带中的。因此，

LOMO 轨道成分贡献有—COOH 的参与对于提高光电转化效率有着至关重要的作用。由图 6-6 分析可知，配合物 6-2 的 LUMO 轨道贡献是 phen 配体，而 COOH 是连接在 TTF 配体上，这就有可能有碍于光电转化过程。相反，所设计的所有分子 LUMO 轨道都有—COOH 的贡献，因此敏化性能都要优于配合物 6-2。根据以上分析可以知道，分子前线轨道的性质是会受到—COOH 数目和位置的影响，这也将影响配合物作为 DSSC 中敏化剂的敏化性能。

6.2.4 二氯甲烷中的吸收光谱

表 6-2 中列出了配合物的吸收光谱数据，主要包括激发态最大相关系数（CI> 0.20），对应的跃迁能（E），驱动力（D），吸收波长（λ），振子强度（f）和跃迁特性，以及配合物 6-1 的实验数据。图 6-7 和图 6-8 是根据激发态波长数据拟合得到的相对应的吸收光谱。

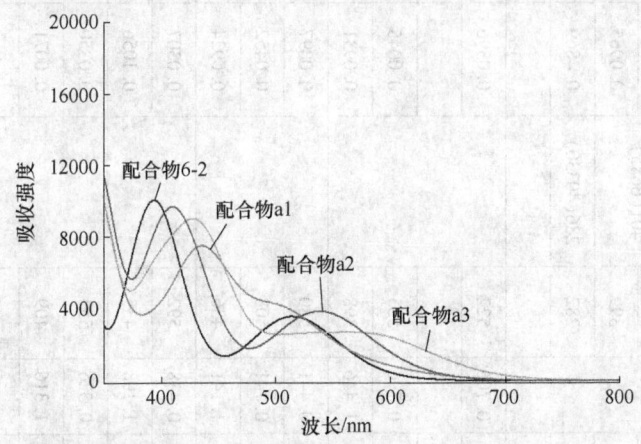

图 6-7　拟合得到的配合物 6-2 和配合物 a1～配合物 a3 在二氯甲烷溶液中的吸收光谱

配合物 6-1 的最低跃迁对应的吸收波长是 507nm，其他主要吸收峰对应的波长分别是 399nm 和 282nm，这两个数值几乎与实验数据 401nm 和 286nm 吻合。因此，采用的计算方法有助于了解这系列的金属配合物的吸收光谱性质。对于配合物 6-2 而言，522nm 处的最低吸收峰主要是由 H → L+1（CI=0.63）和 H → L+2 （CI = 0.23）跃迁引起的。结合轨道成分表数据可知，该跃迁可以归结为 $\{[\pi (TTF)] \rightarrow [\pi^*(TTF) + \pi^*(phen)]\}$，即 $IL_{TTF}CT/ L_{TTF}L_{phen}CT$ 跃迁特性。但是，当 phen 配体上—COOH 数目和位置发生变化时，该最低吸收变成 $\{[\pi (TTF)] \rightarrow [\pi^*(phen)]\}$。尽管所有配合物都具有相同的跃迁特性，但是从图 6-7 和图 6-8 中可以直观地看到，所有设计的分子相对于配合物 6-2 发生明显的红移，其红移顺序为：配合物 a2>配合物 a1>配合物 a3>配合物 2 和配合物 b9>配合物 b1>

表6-2 配合物的主要跃迁特征所对应的激发能（E），驱动力（D），吸收波长（λ），跃迁振子强度（f）和跃迁特性，以及配合物6-1在实验中观察到的波长实验值

配合物编号	跃迁类型	|C|²	E/eV	D	λ_cal/nm	λ_exp(ε)①/nm	f	跃迁性质
6-1	H→L	0.70(97%)	2.45		507	401(6685)	0.0039	$L_{TTF} I_{phen}$ CT
	H-2→L	0.67(90%)	3.11		399		0.0965	MI_{phen} CT/$L_{Cl} I_{phen}$ CT/$L_{CO} L_{phen}$ CT
	H-4→L+2	0.35(25%)	4.40		282	286(40330)	0.4869	IL_{TTF} CT/$I_{phen} I_{TTF}$ CT
	H-5→L+1	0.34(23%)						IL_{phen} CT/ $L_{TTF} I_{phen}$ CT
6-2	H→L+1	0.63(79%)	2.37	0.706	522		0.0396	IL_{TTF} CT/ $L_{TTF} I_{phen}$ CT
	H→L+2	0.23(11%)						IL_{TTF} CT/ $L_{TTF} I_{phen}$ CT
	H→L	0.69(96%)	2.46	0.796	503		0.0045	$L_{TTF} I_{phen}$ CT
	H-2→L	0.67(90%)	3.11	1.446	398		0.0931	MI_{phen} CT/$L_{Cl} I_{phen}$ CT/$L_{CO} L_{phen}$ CT
a1	H→L	0.70(98%)	2.14	0.441	580		0.0097	$L_{TTF} I_{phen}$ CT
	H→L+1	0.65(86%)	2.44	0.741	508		0.0452	IL_{TTF} CT/ $L_{TTF} I_{phen}$ CT
	H-2→L	0.70(95%)	2.84	1.141	436		0.0924	MI_{phen} CT/$L_{Cl} I_{phen}$ CT/$L_{CO} L_{phen}$ CT
a2	H-2→L	0.69(95%)	2.09	0.438	592		0.0307	$L_{TTF} I_{phen}$ CT
	H-2→L	0.67(90%)	2.85	1.198	435		0.1056	MI_{phen} CT/$L_{Cl} I_{phen}$ CT/$L_{CO} L_{phen}$ CT
a3	H→L	0.68(92%)	2.24	0.526	553		0.0350	$L_{TTF} I_{phen}$ CT
	H→L+4	0.50(51%)	3.03	1.316	409		0.0071	IL_{TTF} CT/ $L_{TTF} I_{phen}$ CT
	H→L+3	0.46(42%)						IL_{TTF} CT/ $L_{TTF} I_{phen}$ CT
b1	H→L	0.70(98%)	1.86	0.153	668		0.0135	$L_{TTF} I_{phen}$ CT
	H-2→L	0.69(96%)	2.61	0.903	474		0.0858	MI_{phen} CT/$L_{Cl} I_{phen}$ CT/$L_{CO} L_{phen}$ CT
	H→L+3	0.65(85%)	3.48	1.773	356		0.1635	$L_{TTF} I_{phen}$ CT/IL_{phen} CT/$I(L_{TTF} I_{phen}$ CT)

续表 6-2

配合物编号	跃迁类型	|CI|	E/eV	D	λ_{cal}/nm	$\lambda_{exp}(\varepsilon)$①/nm	f	跃迁性质
b2	H→L	0.70(97%)	2.05	0.384	605		0.0061	$L_{TTF} L_{phen}$ CT
	H→L+1	0.68(93%)	2.23	0.564	557		0.0402	$L_{TTF} L_{phen}$ CT
	H-2→L	0.67(89%)	2.75	1.084	451		0.0677	MI_{phen} CT/$L_{Cl} L_{phen}$ CT/$L_{CO} L_{phen}$ CT
	H→L+3	0.69(95%)	3.36	1.694	369		0.1253	$L_{TTF} L_{phen}$ CT
	H→L	0.70(97%)	1.99	0.311	625		0.0097	$L_{TTF} L_{phen}$ CT
	H→L+1	0.69(95%)	2.20	0.521	564		0.0326	$L_{TTF} L_{phen}$ CT
b3	H-2→L	0.68(92%)	2.70	1.021	459		0.0950	MI_{phen} CT/$L_{Cl} L_{phen}$ CT/$L_{CO} L_{phen}$ CT
	H→L+3	0.61(74%)	3.36	1.681	369		0.0850	$L_{TTF} L_{phen}$ CT
	H→L+4	0.31(19%)						IL_{TTF} CT/ $L_{TTF} L_{phen}$ CT
b4	H→L	0.69(94%)	2.10	0.406	589		0.0391	$L_{TTF} L_{phen}$ CT
	H-2→L+1	0.67(91%)	2.89	1.196	429		0.1194	MI_{phen} CT/$L_{Cl} L_{phen}$ CT/$L_{CO} L_{phen}$ CT
	H→L+3	0.68(93%)	3.29	1.596	376		0.1538	$L_{TTF} L_{phen}$ CT
b5	H→L	0.68(91%)	1.98	0.277	627		0.0359	$L_{TTF} L_{phen}$ CT
	H-2→L	0.54(59%)	2.86	1.157	434		0.1385	MI_{phen} CT/$L_{Cl} L_{phen}$ CT/$L_{CO} L_{phen}$ CT
	H-1→L+1	0.28(16%)						MI_{phen} CT/$L_{Cl} L_{phen}$ CT/$L_{CO} L_{phen}$ CT
	H-1→L+3	0.26(14%)						IL_{TTF} CT/ $L_{TTF} L_{phen}$ CT
	H→L+3	0.47(44%)	3.32	1.617	373		0.1515	IL_{TTF} CT/ $L_{TTF} L_{phen}$ CT
	H→L+4	0.49(48%)						IL_{TTF} CT/ $L_{TTF} L_{phen}$ CT

续表6-2

配合物编号	跃迁类型	$\|C_I\|$	E/eV	D	λ_{cal}/nm	$\lambda_{exp}(\varepsilon)$①$/nm$	f	跃迁性质
b6	H→L	0.68(94%)	2.13	0.371	583		0.0406	$L_{TTF}L_{phen}CT$
	H-2→L	0.50(50%)	2.92	1.161	425		0.0994	$MI_{phen}CT/L_{Cl}L_{phen}CT/L_{CO}L_{phen}CT$
	H-2→L+1	0.44(39%)						$MI_{phen}CT/L_{Cl}L_{phen}CT/L_{CO}L_{phen}CT$
	H→L+3	0.60(71%)	3.34	1.581	371		0.1221	$L_{TTF}L_{phen}CT$
	H→L+4	0.33(22%)						$L_{TTF}L_{phen}CT/IL_{TTF}CT$
b7	H→L	0.70(98%)	2.08	0.452	596		0.0087	$L_{TTF}L_{phen}CT$
	H→L+1	0.65(84%)	2.34	0.712	531		0.0553	$IL_{TTF}CT/L_{TTF}L_{phen}CT$
	H→L+2	0.22(10%)						$IL_{TTF}CT$
b8	H-2→L	0.68(93%)	2.83	1.202	438		0.0777	$MI_{phen}CT/L_{Cl}L_{phen}CT/L_{CO}L_{phen}CT$
	H→L+3	0.69(96%)	3.42	1.792	362		0.1118	$L_{TTF}L_{phen}CT$
	H→L	0.70(97%)	2.03	0.377	610		0.0134	$L_{TTF}L_{phen}CT$
	H-2→L	0.69(95%)	2.74	1.087	452		0.0912	$MI_{phen}CT/L_{Cl}L_{phen}CT/L_{CO}L_{phen}CT$
b9	H→L	0.69(95%)	1.85	0.211	669		0.0454	$L_{TTF}L_{phen}CT$
	H-2→L	0.68(92%)	2.57	0.931	482		0.0787	$MI_{phen}CT/L_{Cl}L_{phen}CT/L_{CO}L_{phen}CT$
	H-2→L+1	0.67(89%)	3.07	1.431	404		0.0764	$MI_{phen}CT/L_{Cl}L_{phen}CT/L_{CO}L_{phen}CT$

①实验数据见文献[7]。

配合物 b5>配合物 b3>配合物 b8>配合物 b2>配合物 b7>配合物 b4>配合物 b6>配合物 2，这个顺序和之前讨论的能级差变化相一致。由此可见，—COOH 数目和位置的改变与吸光性质息息相关。特别是配合物 b9，波长延伸到近 800nm。而且，从计算所得数据可看出，phen 配体连有两个—COOH 的比连有一个—COOH 所发生的红移现象更明显，这也就充分证明—COOH 数目对吸光性质的影响作用。此外，另一个重要的吸收谱带是在 350~500nm，其跃迁特性是 $ML_{phen}CT/L_{Cl}L_{phen}CT/L_{CO}L_{phen}CT$，除了配合物 a3 的是 $IL_{TTF}CT/L_{TTF}L_{phen}CT$（$f=0.0071$）。而这些主要激发跃迁所涉及的配体都连有—COOH，众所周知—COOH 不仅仅有助于染料敏化剂吸附到纳米 TiO_2 薄膜表面，更是激发态电子注入到 TiO_2 导带中的通道，所以，配合物的这些主要吸收都将有利于 DSSC 中的电荷传送，提高 DSSC 光电转化效率。

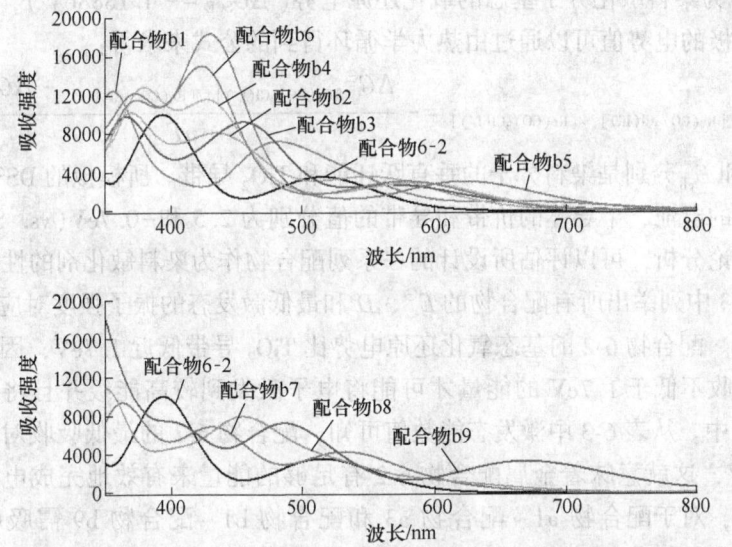

图 6-8 拟合得到的配合物 6-2 和配合物 b1~配合物 b9 在二氯甲烷溶液中的吸收光谱

　　根据以上讨论，所有设计的分子都有较好的吸光能力，其中配合物 a2、配合物 b1 和配合物 b2 的吸光能力要优于其他分子。因此，可以通过改变配合物配体上—COOH 的位置和数目来获得吸光能力强的染料敏化剂，进而提高 DSSC 的光电转化效率。

6.2.5 新型染料分子在 DSSC 中的性能

　　光电转化效率（η）是一个重要的评价 DSSC 性能的参数，其表达式为[13]：

$$\eta = \frac{J_{sc}V_{oc}FF}{P_{in}}$$

式中，J_{sc} 为短路电流；V_{oc} 为开路电压；FF 为电池填充因子；P_{in} 为入射光强度。

对于 J_{sc} 这个参数，可以根据以下公式来计算得到[14]：

$$J_{sc} = \int LHE(\lambda) \varphi_{inject} \eta_{collect} d\lambda$$

其中，电子收集效率（$\eta_{collect}$）在用不同的配合物作染料敏化剂的同一个 DSSC 中为一个恒定不变的常数。因此，高的 LHE 和电子注入效率（φ_{inject}）将对提高 J_{sc} 和 η 有很大的帮助。此外，$LHE(\lambda)$ 和 φ_{inject} 分别由振子强度（f）和与垂直跃迁有关的驱动力所决定，相对应的计算公式如下：

$$LHE_{(\lambda)} = 1 - 10^{-f}$$

$$\varphi_{inject} \propto f(D)$$

$$D = |E^{\ominus} - \Delta E - E_{cb}|$$

式中，$E^{\ominus}$ 为染料敏化分子基态的氧化还原电势（$\Delta G_{SCE}^{\ominus} = -4.1888eV$），相对于标准甘汞电极的电势值可以通过由热力学循环得到的公式来求得：

$$E^{\ominus}_{[Re(CO)_3Cl(L')]^+/[Re(CO)_3Cl(L')]} = -\frac{\Delta G^{\ominus}_{[Re(CO)_3Cl(L')]^+/[Re(CO)_3Cl(L')]} - \Delta G^{\ominus}_{SCE}}{nF}$$

ΔE 和 E_{cb} 分别是染料分子的垂直跃迁能和 TiO$_2$ 导带。所模拟的 DSSC 电池结构和典型的电池，半导体的价带和导带的值分别为 2.5 和 -0.7eV（vs. SCE）。通过以上理论分析，可以评估所设计的一系列配合物作为染料敏化剂的性能如何。

表 6-3 中列举出所有配合物的 $E^{\ominus}$、D 和最低激发态的振子强度对应的补光效率（LHE）。配合物 6-2 的基态氧化还原电势比 TiO$_2$ 导带低近 1.7eV，因此，染料分子需吸收不低于 1.7eV 的能量才可能将电子激发到较高能级并且将其注入到 TiO$_2$ 导带中。从表 6-3 中激发态能数值可知，配合物 6-2 的最低吸收对应的能量为 2.37 V，这就意味着金属配合物 6-2 有足够的能量来有效地完成电子注入过程。同理，对于配合物 a1 ~ 配合物 a3 和配合物 b1 ~ 配合物 b9 需吸收不少于 1.8eV 的能量完成光电转化过程，而且其最低吸收能量都足可以有效完成该过程。同时，还注意到一个有趣的现象是，驱动力 D 的理论计算值随着所设计的金属配合物的吸收光谱波长的增大而减小。因此，在设计新型染料敏化分子时既要增大其吸收波长，还要保证其有足够的驱动力有效完成光电转化过程。

表 6-3   吉布斯自由能（ΔG_{aq}），基态的氧化还原电势（$E^{\ominus}$），驱动力（D）和捕获光效率（LHE）的理论计算值

配合物编号	ΔG_{aq}/AU	$E^{\ominus}$（vs. SCE）/eV	D	LHE
6-2	5.1527	0.964	0.796	0.0103
a1	5.1878	0.999	0.441	0.0221
a2	5.1403	0.952	0.438	0.0682

续表 6-3

配合物编号	ΔG_{aq}/AU	$E^{\ominus}$(vs. SCE)/eV	D	LHE
a3	5.2032	1.014	0.526	0.0774
b1	5.1956	1.007	0.153	0.0306
b2	5.1550	0.966	0.384	0.0139
b3	5.1676	0.979	0.311	0.0221
b4	5.1834	0.994	0.406	0.0861
b5	5.1920	1.003	0.277	0.0793
b6	5.2482	1.059	0.371	0.0892
b7	5.1170	0.928	0.452	0.0198
b8	5.1421	0.953	0.377	0.0304
b9	5.1274	0.939	0.211	0.0993

同时,LHE 对光电转化效率也有着至关重要的作用,LHE 值越大,光电转化效率也越大。LHE 值会随 phen 上—COOH 数目和位置的变化而改变。例如配合物 phen 配体连接一个—COOH 时,LHE 的值按如下顺序变化的:配合物 a3 (0.0774)>配合物 a2 (0.0682)>配合物 a1 (0.0221),而连有两个—COOH 时变化情况是:配合物 b9 (0.0993)>配合物 b6 (0.0892)>配合物 b4 (0.0861)>配合物 b5 (0.0793)>配合物 b1 (0.0306)>配合物 b3 (0.0221)>配合物 b7 (0.0198)>配合物 b2 (0.0139)>配合物 b8 (0.0134)。由此可得,配合物 a2 和配合物 a3,配合物 b9 相较于其他配合物有较高的 LHE 值,换句话说,这三个配合物作为 DSSC 的染料敏化剂,更有利于提高其光电转化效率。综合以上所有分析可预测,配合物 a2 和配合物 b9 更适合 DSSC 的染料敏化剂。

6.3 配体上的不同官能团对敏化性能的影响

基于已有的研究可知,金属配合物配体上的取代官能团对其吸收光谱有影响。由 Zuo 等人合成并表征了一个具有 exTTF-fused phen(exTTF:π 共轭的四硫富瓦烯 9,10-双(1,3-二硫醇-2-亚基)-9,10-二氢蒽;phen:1,10-邻菲罗啉)配体的 Re(Ⅰ)三羰基配合物(配合物 6-3)[15],尽管其光学性质已被表征,但是,在实验中并没有研究 phen 配体上不同官能团对该配合物光学性质的影响。因此,本节中选择含有酯基的配合物 6-3 作为母体,设计得到含有—COOH 的配合物 D1。此外,phen 配体较易被其他基团取代,因此,采用给电子能力不同的官能团(—NH₂, —OH, —CH₃)和吸电子能力不同的官能团(—F, —COOH, —NO₂)修饰 phen 配体,得到 6 个新的配合物 D2~D7。为了评估这些染料敏化剂的光电性质，采用密度泛函理论（DFT）和含时的密度泛函理论（TD-DFT）来进行详细地研究。从它们的电子结构、光谱性质、分子前线轨道性质和其他相关敏化性能参数方面进行讨论研究给电子和吸电子能力不同的官能团对染料敏化剂性能的影响作用，并预测具有强吸电子基团—F 的配合物 D5 作为染料敏化剂有望能提高 DSSC 的总效率。

6.3.1　计算方法

所有的计算均采用 Gaussian03 程序包。采用含有 25% 的 Hartree-Fock 精确交换的 PBE1PBE 混合交换相关泛函来优化基态和激发态的稳定构型，计算没有对称性限制。Re 原子采用的基组是赝势基组 LanL2DZ，C、H、O、N、S 和 Cl 原子采用的是 6-31(d) 基组。已有研究证实，研究这类铼金属配合物最可靠有效的计算方法就是本章采用的 PBE1PBE 方法。所涉及的配合物的基态结构都是在真空中进行全优化并对它们进行振动频率分析，计算结果显示没有虚频的出现，保证优化结构都在最低的势能面上。在优化后的基态结构上，用 TD-DFT 方法结合极化连续介质模型（PCM），考查了该系列铼配合物在二氯甲烷溶液中的吸收光谱性质和其他有关敏化性能。配合物 6-3 光谱数值的理论计算结果与实验数据比较几乎一致，证明该理论计算方法和计算水平是适用于该体系的研究。

光电转化效率（η）是评估 DSSC 性能好坏的一个重要的参数，所用的公式和 6.2 节一样。DSSC 的开路电压（V_{OC}）与染料敏化剂的 LUMO 轨道能级（E_{LUMO}）和 TiO$_2$ 导带（E_{CB}）有着密切的联系，其理论计算值可根据下面公式求得[16]：$V_{OC} = E_{LUMO} - E_{CB}$。

同一个染料敏化太阳能电池即使所用的染料敏化剂不同，其 $\eta_{collect}$ 值也是恒定不变的常数。于是，正如 6.2.5 节讨论的，提高 V_{OC}、φ_{inject} 和 LHE 的值可提高 DSSC 的总效率。LHE 的值可通过下面公式计算得到：

$$\text{LHE}_{(\lambda)} = 1 - 10^{-f}$$

式中，f 为染料分子的最低吸收所对应的振子强度。而 φ_{inject} 与驱动力有关，其关系表达式如下：

$$\varphi_{inject} \propto f(-\Delta G_{inject})$$

$$\Delta G_{inject} = E_{OX}^{dye*} - E_{CB}^{TiO_2}$$

式中，E_{OX}^{dye*} 为激发态染料分子的氧化电势；$E_{CB}^{TiO_2}$ 为 TiO$_2$ 导带能级。根据 Rehm 和 Weller 方程，E_{OX}^{dye*} 的值可根据下面公式计算得到[17]：

$$E_{OX}^{dye*} = E_{OX}^{dye} - \Delta E + \omega_r$$

E_{OX}^{dye} 为染料分子基态氧化电势，根据 Koopman 理论[18]得知 E_{OX}^{dye} 的值可近似为 E_{LUMO} 轨道能级的负值；ΔE 为垂直跃迁能；ω_r 为库仑稳定项，根据已有研究该值可忽略不计[19]。因此，E_{OX}^{dye*} 可近似为 E_{OX}^{dye} 和 ΔE 间的差值。

6.3.2 官能团对染料分子基态几何结构的影响

配合物 6-3 和配合物 D1~配合物 D7 的结构示意图如图 6-9 所示，其中配合物 D1 的优化后的基态构型如图 6-10 所示。配合物 D1~配合物 D7 优化后的基态结构列于图 6-11 中，并且将与其结构类似的实验可测得键角和键长的金属配合物如Re(CO)₃Cl(乙基二吡啶并 [3,2-a：2',3'-c] 吩嗪-11-羧酸酯)（配合物 6-4)[20]和配合物 6-1 进行对比。配合物 D2~配合物 D7 优化后的主要基态结构参数以及金属配合物 6-4、配合物 6-1 的实验值列于表 6-4 中。

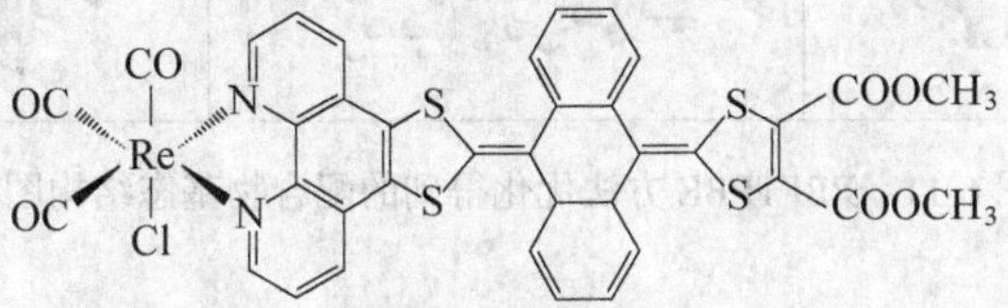

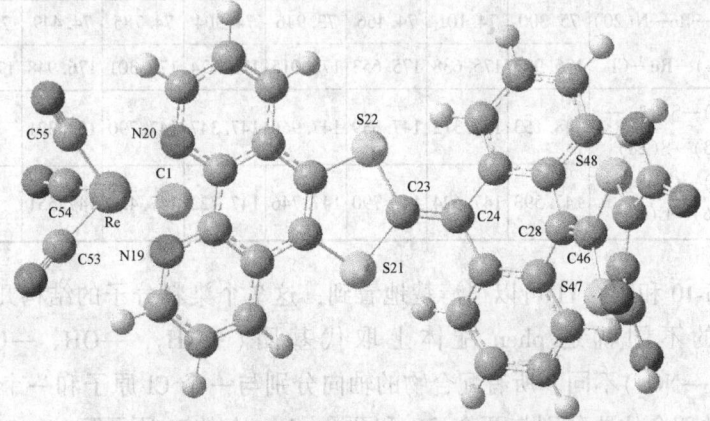

配合物6-3

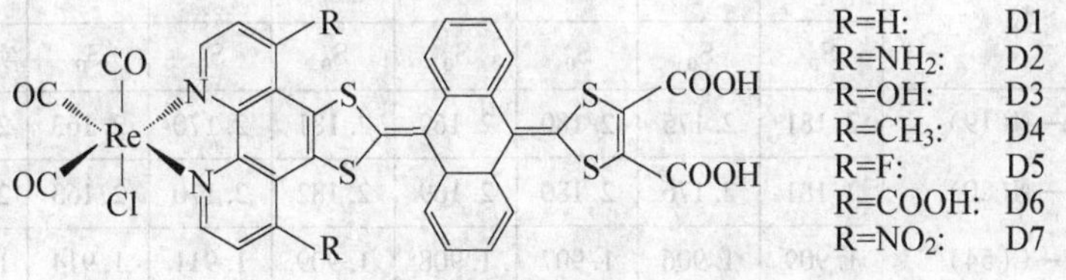

R=H: D1
R=NH₂: D2
R=OH: D3
R=CH₃: D4
R=F: D5
R=COOH: D6
R=NO₂: D7

图 6-9　配合物的结构示意图

图 6-10　配合物 D1 优化后的基态结构图

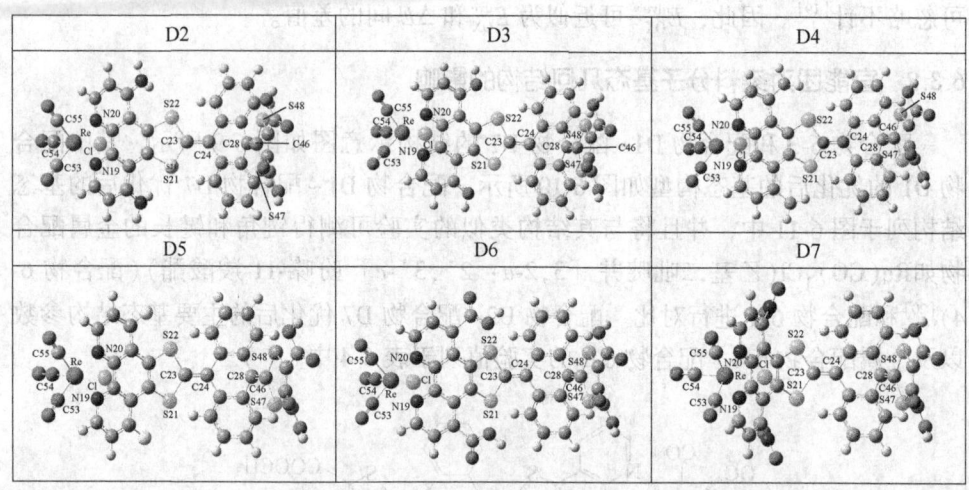

图 6-11　PBE1PBE 方法优化得到的配合物基态结构图

表 6-4　PBE1PBE 方法计算得到的配合物基态结构的主要几何参数以及
配合物 6-4、配合物 6-1 的晶体结构的实验值

参　　　数		D1	D2	D3	D4	D5	D6	D7	6-4	6-1
		S_0	S_0	S_0	S_0	S_0	S_0	S_0	实验值	实验值
键长 /Å	Re—N(19)	2.181	2.175	2.180	2.169	2.181	2.170	2.163	2.185	2.190
	Re—N(20)	2.181	2.176	2.180	2.169	2.182	2.170	2.163	2.170	2.193
	Re—C(54)	1.909	1.906	1.907	1.908	1.909	1.911	1.914	1.890	
	Re—C(53)	1.916	1.915	1.915	1.917	1.916	1.919	1.921	1.921	
	Re—C(55)	1.916	1.915	1.915	1.917	1.916	1.919	1.921	1.927	
键角 /(°)	N(19)—Re—N(20)	75.300	74.101	74.466	73.946	74.904	74.785	74.449	75.62	74.43
	C(54)—Re—Cl	175.987	175.638	175.653	176.015	175.774	176.301	176.948	177.12	175.94
二面角 /(°)	S(21)—S(22)—S(23)—S(28)	148.153	147.312	147.339	147.966	147.347	147.790	152.321		
	C(47)—C(48)—C(46)—C(24)	147.593	147.624	147.790	147.746	147.722	147.420	147.551		

　　从图 6-10 和图 6-11 可以很清楚地看到，这 7 个染料分子的结构几乎完全相似，唯一的不同就是 phen 配体上取代基团（—NH$_2$，—OH，—CH$_3$，—F，—COOH，—NO$_2$）不同。所有配合物的轴向分别与一个 Cl 原子和一个 CO 配位，而赤道面的四个位置分别与两个 CO 和两个 phen 上的 N 原子配位。对比研究发现所有轴向上的 Re—C 键长比赤道面上的 Re—C 要短 0.007~0.009Å，这可能是

由于轴向和赤道上的配体到金属的反键能力不同。所有配合物 N(19)—Re—N(20)键角大约在 74°~76°，这意味着配合物的基态几何构型都是一个扭曲的八面体构型。尽管目前没有这些配合物的实验参考数据，但是可以发现这些配合物键角、键长的理论计算值与其他有关含有 phen 配体的三碳基 Re(I)配合物的实验数据十分相近。此外，配合物 S(21)—S(22)—C(23)—C(28) 和 S(47)—S(48)—C(46)—C(24)两个二面角大约在 147.3°~152.3°，这说明分子呈一个"马鞍"状，这与实验对结构的描述相吻合。因此，本节的计算结果是可靠的。

配合物 D1~配合物 D7 彼此间的键角和键长并没有明显的差别，所以，phen 配体上官能团的不同对所设计的染料分子基态几何结构几乎没有影响。

6.3.3 染料分子前线轨道

分析基态结构的前线分子轨道(FMO)性质对研究染料敏化性能有着至关重要的作用。因为前线分子轨道 LUMO 和 HOMO 间的轨道能级差不仅仅决定被激发的电子能否从染料分子传输到 TiO_2 导带中，还决定着激发态的染料分子能否被 I_2/I_3^{-1} 电解对还原再生。前线分子轨道能级较易受配体官能团的影响，所以本节运用理论计算方法从它们电子结构出发，研究不同官能团对其影响作用。

配合物 6-3 和配合物 D1~配合物 D7 的分子轨道组分和相对应的贡献特性分别列于附表 48~附表 55 中。HOMO 和 LUMO 轨道的组分可视图和轨道能级图分别如图 6-12 和图 6-13 所示。由图 6-12 可以直观地看到，所有配合物的 FMO 组分几乎相似。

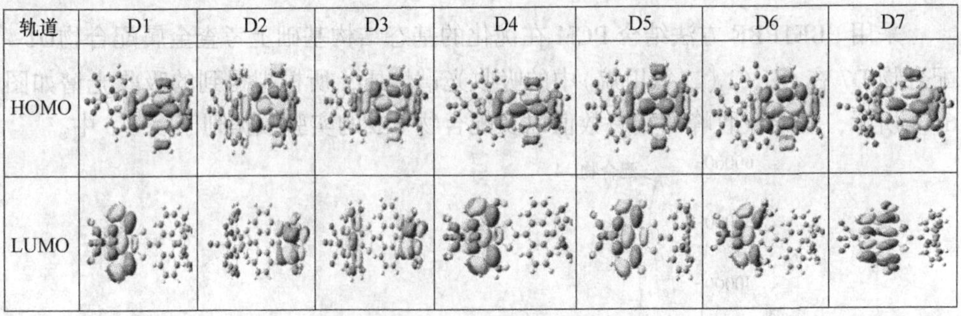

轨道	D1	D2	D3	D4	D5	D6	D7
HOMO							
LUMO							

图 6-12　配合物 D1~配合物 D7 前线分子轨道图

与配合物 D1 相比较，尽管配合物 D2~配合物 D7 的 HOMO 轨道和 LUMO 轨道的组分几乎没有大的变化，但是轨道能级变化却比较明显。配合物 D2~配合物 D4 的轨道能级差与配合物 D1 相比，大小顺序为：配合物 D2>配合物 D3>配合物 D4>配合物 D1，而配合物 D5~配合物 D7 轨道能级差均小于配合物 D1。由此可得，染料分子轨道能级差会受到 phen 配体上官能团的影响，且随着官能团吸电子能力的增强，能级差减小。根据前人研究可知，染料分子能级差越小，越有利于提高 DSSC 的总效率[21,22]。因此，配合物 D5～配合物 D7 作为染料敏化剂，其性能可能优于配合物 D1～配合物 D4。

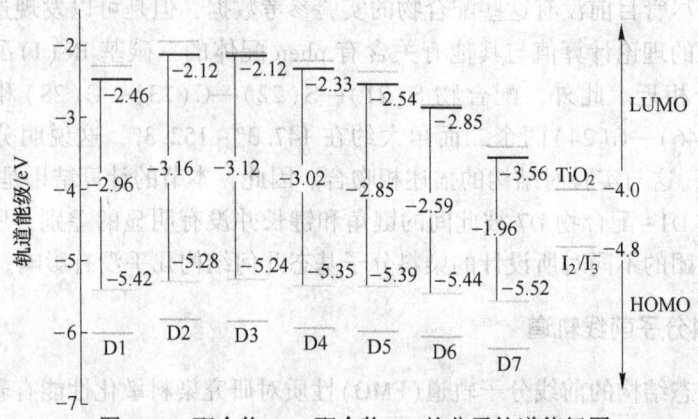

图 6-13　配合物 D1～配合物 D7 的分子轨道能级图

通过轨道能级图 6-13 可以清楚看到，LUMO 轨道的能级要比 HOMO 轨道受官能团的影响大。染料分子 LUMO 轨道的能级大约在 $-2.12\sim3.56\text{eV}$ 范围内，这些值都比 TiO_2 导带高（-4.0eV），换句话说，这些配合物都可有效地将电子注入到 TiO_2 导带中去。HOMO 轨道能级是在 $-5.24\sim-5.52\text{eV}$ 之间，该值低于电解对 I_2/I_3^{-1}（-4.8eV），可为激发态的染料分子提供足够的驱动力还原再生，进行循环利用。

6.3.4　二氯甲烷中的吸收光谱

采用 PBE1PBE 方法结合 PCM 在优化的基态结构基础上考查金属配合物 D1～配合物 D7 在 CH_2Cl_2（二氯甲烷）中的吸收光谱性质，所模拟得到的吸收光谱如图 6-14 所示，主要吸收峰的相关数值以及配合物 6-3 的实验数据列于表 6-5 中。

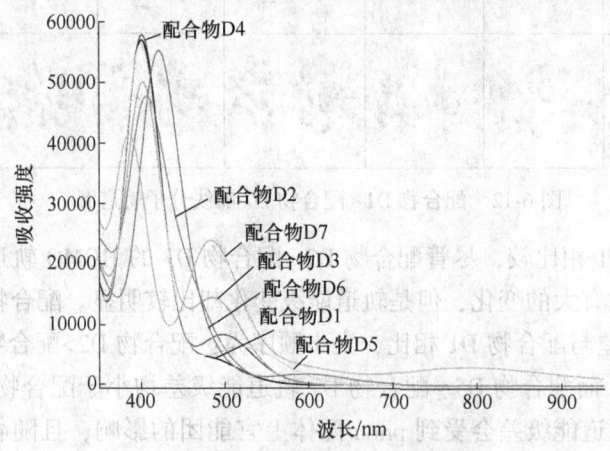

图 6-14　拟合得到的配合物在甲醇溶液中的吸收光谱

表 6-5 配合物的主要跃迁最大激发组态相互作用系数(CI≥0.20),对应的激发能(E),吸收波长(λ),跃迁振子强度(f)和跃迁特性以及配合物 6-1 的吸收波长的实验值(ε)

配合物编号	跃迁类型	|CI|	E/eV	λ_{cal}/nm	$\lambda_{exp}(\varepsilon)$/nm	f	跃迁性质
6-3	H→L	0.68(93%)	2.41	514.6		0.0046	$L_{exTTF} L_{phen}$ CT
	H→L+2	0.66(87%)	2.58	480.4		0.0403	II_{exTTF} CT
	H→L+3	0.62(78%)	3.06	400.7	410(25100)	0.6347	II_{exTTF} CT
	H-1→L+3	0.54(58%)	3.70	335.0	350(15580)	0.3121	II_{exTTF} CT/$I_{phen} I_{exTTF}$ CT
	H→L+4	0.35(24%)					II_{exTTF} CT/$L_{exTTF} L_{phen}$ CT
D1	H→L	0.68(93%)	2.41	514.5		0.0048	$I_{exTTF} L_{phen}$ CT
	H→L+2	0.60(72%)	2.56	484.1		0.0471	II_{exTTF} CT
	H→L+1	0.29(17%)					$L_{exTTF} L_{phen}$ CT
	H→L+3	0.62(77%)	3.10	400.2		0.6319	II_{exTTF} CT
	H-1→L+3	0.54(59%)	3.70	334.9		0.3076	II_{exTTF} CT/$L_{phen} L_{exTTF}$ CT
	H→L+4	0.35(24%)					II_{exTTF} CT/$L_{phen} L_{exTTF}$ CT
D2	H→L	0.66(87%)	2.50	496.7		0.0272	II_{exTTF} CT/$L_{phen} L_{exTTF}$ CT
	H→L+3	0.64(83%)	3.06	405.5		0.5449	II_{exTTF} CT/$L_{phen} L_{exTTF}$ CT
	H-1→L+3	0.58(67%)	3.61	343.1		0.2131	II_{exTTF} CT/$L_{phen} L_{exTTF}$ CT
	H→L+4	0.31(19%)					II_{exTTF} CT/$L_{phen} L_{exTTF}$ CT
D3	H→L	0.63(79%)	2.46	503.2		0.0327	$II_{exTTF} L_{phen}$ CT
	H→L+1	0.22(10%)					$II_{exTTF} L_{phen}$ CT
	H→L+1	0.64(83%)	2.54	488.5		0.1418	$II_{exTTF} L_{phen}$ CT
	H→L	0.23(10%)					$II_{exTTF} L_{phen}$ CT
	H→L+3	0.63(79%)	3.07	404.0		0.5750	II_{exTTF} CT/$L_{phen} L_{exTTF}$ CT

续表6-5

配合物编号	跃迁类型	|C|II	E/eV	λ_{cal}/nm	$\lambda_{\text{exp}}(\varepsilon)$/nm	f	跃迁性质
D3	H-1→L	0.21(9%)					$II_{\text{exTTF}} L_{\text{phen}}$ CT
	H-1→L+3	0.57(65%)	3.68	337.8		0.2538	II_{exTTF} CT/$L_{\text{phen}} L_{\text{exTTF}}$ CT
	H→L+4	0.33(22%)					$II_{\text{exTTF}} L_{\text{phen}}$ CT
	H→L	0.68(93%)	2.46	504.7		0.0633	$L_{\text{exTTF}} L_{\text{phen}}$ CT
	H→L+3	0.55(61%)	3.07	403.3		0.6264	II_{exTTF} CT
D4	H-1→L	0.34(23%)					$L_{\text{exTTF}} L_{\text{phen}}$ CT/II_{phen} CT
	H→L+4	0.52(54%)	3.68	337.1		0.2108	$L_{\text{exTTF}} L_{\text{phen}}$ CT
	H-1→L+3	0.41(34%)					II_{exTTF} CT/$L_{\text{phen}} L_{\text{exTTF}}$ CT
	H→L	0.68(93%)	2.30	539.6		0.0556	$L_{\text{exTTF}} L_{\text{phen}}$ CT
	H→L+2	0.56(62%)	3.01	400.0		0.5940	II_{exTTF} CT
D5	H-3→L	0.36(26%)					MI_{phen} CT/$L_{\text{Cl}} L_{\text{phen}}$ CT/$L_{\text{CO}} L_{\text{phen}}$ CT
	H-1→L+2	0.47(44%)	3.73	332.0		0.1718	II_{exTTF} CT/$L_{\text{phen}} L_{\text{exTTF}}$ CT
	H-1→L+4	0.41(34%)					II_{exTTF} CT
	H→L	0.68(93%)	2.05	604.4		0.0003	$L_{\text{exTTF}} L_{\text{phen}}$ CT
	H→L+1	0.68(93%)	2.07	597.7		0.0243	$L_{\text{exTTF}} L_{\text{phen}}$ CT
D6	H-2→L+1	0.52(55%)	2.91	425.4		0.3144	MI_{phen} CT/$L_{\text{Cl}} L_{\text{phen}}$ CT/$L_{\text{CO}} L_{\text{phen}}$ CT
	H-3→L	0.40(31%)					MI_{phen} CT/$L_{\text{Cl}} L_{\text{phen}}$ CT/$L_{\text{CO}} L_{\text{phen}}$ CT
	H→L	0.69(95%)	1.45	854.0		0.0187	$L_{\text{exTTF}} L_{\text{phen}}$ CT
	H→L+1	0.69(96%)	1.63	759.4		0.0288	$L_{\text{exTTF}} L_{\text{phen}}$ CT
D7	H-3→L+1	0.64(83%)	2.55	486.8		0.2004	MI_{phen} CT/$L_{\text{Cl}} L_{\text{phen}}$ CT/$L_{\text{CO}} L_{\text{phen}}$ CT
	H→L+5	0.64(81%)	3.19	389.0		0.4235	II_{exTTF} CT
	H-8→L+1	0.56(62%)	3.81	325.4		0.0884	$L_{\text{exTTF}} L_{\text{phen}}$ CT/II_{phen} CT
	H-7→L+1	0.26(13%)					$L_{\text{exTTF}} L_{\text{phen}}$ CT/II_{phen} CT

配合物 6-1 的吸收光谱理论计算值 400.7nm 和 335.0nm 分别与实验数据 410nm 和 315nm 相吻合，而理论计算值 514.6nm 和 480.1nm 可能由于其振子强度(f)太小而在实验中未观察到。该近似计算方法已被相关研究认可，而且配合物 6-1 的理论计算值与实验值基本一致，因此可以证明本章所采用的 TD-DFT 计算方法的可靠性。根据分子前线轨道的分析，HOMO 轨道主要贡献的是 $\pi(\mathrm{exTTF})$，LUMO 轨道是 $\pi^*(\mathrm{phen})$，但是配合物 D2 和配合物 D3 除外。配合物 D2 的 HOMO 轨道由 80.42% $\pi(\mathrm{exTTF})$ 和 12.3% $\pi(\mathrm{phen})$ 组成。配合物 D3 的 HOMO 轨道由 84.33% $\pi(\mathrm{exTTF})$ 和 10.13% $\pi(\mathrm{phen})$ 组成，LUMO 轨道由 78.72% $\pi^*(\mathrm{exTTF})$ 和 14.64% $\pi^*(\mathrm{phen})$ 组成。由此可知，配合物 D1、配合物 D4~配合物 D7 的最低跃迁归结为 $\{[\pi(\mathrm{exTTF})] \rightarrow [\pi^*(\mathrm{phen})]\}$，即 exTTF 配体到配体的电荷跃迁 $\mathrm{L_{exTTF}L_{phen}CT}$。配合物 D2 的最低吸收跃迁（HOMO→LUMO）特性是 $\mathrm{IL_{exTTF}CT/L_{phen}L_{exTTF}CT}$，而配合物 D3 则是 $\{[\pi(\mathrm{exTTF})]+[\pi(\mathrm{phen})] \rightarrow [\pi^*(\mathrm{exTTF})]+[\pi^*(\mathrm{phen})]\}$，即 $\mathrm{IL_{exTTF}L_{phen}CT}$。此外，配合物 D5~配合物 D7 在 400nm 处的吸收光谱的特性主要是 MLCT/LLCT，$\{[\mathrm{d(Re)}+\pi(\mathrm{Cl})+\pi(\mathrm{CO})] \rightarrow [\pi^*(\mathrm{phen})]\}$，而配合物 D5 是配体内的电荷跃迁 $\mathrm{IL_{exTTF}CT}$：$\{[\pi(\mathrm{exTTF}) \rightarrow \pi^*(\mathrm{exTTF})]\}$。配合物 D1 和配合物 D4 的这个吸收谱带特性是 $\mathrm{IL_{exTTF}CT}$，配合物 D2 和配合物 D3 是 $\mathrm{IL_{exTTF}CT/L_{phen}L_{exTTF}CT}$。

由表 6-5 可知，配合物 D2~配合物 D4 的最低吸收跃迁相对于配合物 D1 发生蓝移，而配合物 D5~配合物 D7 发生明显的红移。这一变化趋势与分子前线轨道 LUMO-HOMO 能级差的变化趋势是吻合的。理想的高效率的染料敏化剂要求其吸收光谱的范围要足够广，最好可覆盖整个太阳光区。金属配合物 D5~配合物 D7 在紫外可见光区的吸收范围相对于配合物 D1~配合物 D4 更宽。因此，从吸光能力的分析，推测配合物 D5~配合物 D7 更适合作染料敏化剂。

通过以上对配合物 D1~配合物 D7 吸收光谱性质的分析可知，phen 配体上的不同官能团对所设计的染料分子的光吸收能力有重要的影响，随着官能团吸电子能力的增强，吸收光谱发生红移。设计和合成新型染料敏化剂时，引入吸电子基团将有利于提高金属染料敏化剂的光吸收能力。

6.3.5 染料分子敏化性能相关参数

根据相关理论计算公式，可以知道染料敏化分子的($-\Delta G_{\mathrm{inject}}$)、LHE 和 V_{OC} 的值越大，越有利于提高 DSSC 的光电转化效率。这也将有助于更加深入地了解配合物是否具有良好的敏化性能，用于制备高性能的 DSSC 设备。

配合物 D1~配合物 D7 的 $E_{\mathrm{OX}}^{\mathrm{dye}*}$、$E_{\mathrm{OX}}^{\mathrm{dye}}$、$-\Delta G_{\mathrm{inject}}$、$\mathrm{LHE}^{(1)}$（最低跃迁激发态对应的 LHE）和 V_{OC} 的理论计算值列于表 6-6 中。可以发现这些参数数值的大小和 phen 配体上官能团有着密切的联系。随着 phen 上所连基团给电子能力的增加，

$-\Delta G_{\text{inject}}$、LHE 和 V_{OC} 的值也相应增大，也就是说连有强给电子基团的配合物可能会更有效地将电子从激发态染料传输到 TiO_2 导带中。因此，相比之下，配合物 D1~配合物 D5 有足够的驱动力完成有效的注入。配合物 D6 的 $-\Delta G_{\text{inject}}$ 值和配合物 D7 的 LHE[1] 值最小，这也就意味着其不利于光电转化过程的进行。

表 6-6　配合物的 $E_{\text{OX}}^{\text{dye}}$、$E_{\text{OX}}^{\text{dye}*}$、$-\Delta G_{\text{inject}}$、光捕获效率（LHE）和开路电压（$V_{\text{OC}}$）的计算值

配合物编号	$E_{\text{OX}}^{\text{dye}}$	$E_{\text{OX}}^{\text{dye}*}$	$-\Delta G_{\text{inject}}$	LHE	V_{oc}
D1	5.42	3.01	0.99	0.0110	1.54
D2	5.28	2.78	1.22	0.0607	1.88
D3	5.24	2.78	1.22	0.0725	1.88
D4	5.35	2.89	1.11	0.1356	1.67
D5	5.39	3.09	0.91	0.0556	1.46
D6	5.44	3.39	0.61	0.0007	1.15
D7	5.52	4.07	-0.07	0.0421	0.44

综合对金属配合物 D1~配合物 D7 光谱性质的分析，金属铼配合物 D5 由于其既具有好的光吸收能力，又具有较好的敏化能力，比其他设计的金属配合物更适合作染料敏化剂。通过以上研究分析发现，金属配合物配体上连接官能团的不同不仅仅影响光吸收能力，而且还影响敏化性能相关参数的大小。在运用不同官能团修饰配合物配体设计合成新型染料分子时，既要拓宽其吸收光谱的范围，还要保证其有足够的驱动力完成光电转化过程。

6.3.6　小结

考虑到配合物中羧基的位置和数目对配合物有一定的影响作用，通过对配体上—COOH 的改变设计一系列 Re（Ⅰ）三碳基配合物（a1~a3 和 b1~b9），并用 DFT/TD-DFT 方法进行详细地研究。分析计算结果得知，所有配合物的基态有着相似的结构排列。通过电子结构分析，可以看出—COOH 数目和位置的不同使得 LUMO 轨道能级降低，而且 LUMO 轨道受其影响明显要比 HOMO 轨道大。所有设计的配合物能级差均小于配合物 6-2。此外，所有配合物的最低吸收带的跃迁特性都是 LLCT，都相对于配合物 6-2 发生明显的红移。通过计算与 DSSC 性能评价相关的参数 $E^{\ominus}$，D 和 LHE，发现所有设计的配合物在太阳光照射下都有足够的驱动力吸收能量将电子激发并将其注入到 TiO_2 导带中去。配合物 a2 和配合物 b9 相较之下，因具有好的光吸收能力和强的电荷传输能力，所以更适合作为染料敏化剂。

采用 DFT/TD-DFT 方法深入研究一系列含有不同取代基的 phen 配体的 Re（Ⅰ）三羰基配合物（D1~D7）的敏化性能。计算结果表明，所有设计的配合物

基态结构几乎完全相同，而电子结构略有差异。研究表明当 phen 配体上连接的官能团不同时，会对 LUMO 轨道能级的影响较大，且明显大于对 HOMO 轨道能级的影响。能级差大小与 phen 配体上连接的官能团吸电子能力密切相关，它随着官能团吸电子能力的增大而减小。此外，所有设计的配合物最低吸收跃迁特性都是 LLCT，配合物 D5~配合物 D7 与配合物 D1 相比发生红移现象，而配合物 D2~配合物 D4 发生蓝移现象。通过对 E_{OX}^{dye}、E_{OX}^{dye*}、$(-\Delta G_{inject})$，LHE 和 V_{OC} 计算值的比较可以得知配合物D1~配合物 D5 比配合物 D6 和配合物 D7 更有助于光电转化过程。因此，综合所有分析可以推测，配合物 D5 由于其具有较好的光吸收能和较高的 ΔG_{inject}、LHE 和 V_{OC} 计算值，所以比其他设计的配合物更适合作为染料敏化剂。

参 考 文 献

[1] HAYASHI Y, KITA S, BRUNSCHWIG B S, et al. Involvement of a binuclear species with the Re-C(O)O-Re moiety in CO_2 reduction catalyzed by tricarbonyl Rhenium(Ⅰ) complexes with di-imine ligands: strikingly slow formation of the Re-Re and Re-C(O)O-Re species from Re(dmb)(CO)₃S(dmb=4,4′-Dimethyl-2,2′-bipyridine, S=Solvent) [J]. J. Am. Chem. Soc., 2003, 125: 11976~11987.

[2] LIU Q, LI Y N, ZHANG H H, et al. Photochemical preparation of pyrimidin-2(1H)-ones by Rhenium(I) complexes with visible light [J]. J. Org. Chem., 2011, 76: 1444~1447.

[3] ENOKI T, MIYAZAKI A, Magnetic TTF-Based charge-transfer complexes [J]. Chem Rev., 2004, 104: 5449~5477.

[4] SEGURA J L, MARTÍN N. New concepts in tetrathiafulvalene chemistry [J]. Angew. Chem. Int. Ed., 2001, 40: 1372~1409.

[5] ANDERSON C B, ELLIOTT A B, LEWIS J E, et al. FAC-Re(CO)₃ complexes of 2, 6-bis(4-substituted-1,2,3-triazol-1-ylmethyl) pyridine "click" ligands: Synthesis, characterisation and photophysical properties [J]. Dalton. Trans., 2012, 41: 14625~14632.

[6] VAUGHAN J G, REID B L, WRIGHT P J, et al. Photophysical and photochemical trends in tricarbonyl Rhenium(Ⅰ) N-Heterocyclic carbene complexes [J]. Inorg. Chem., 2014, 53: 3629~3641.

[7] QIN J, HU L, LI G N, et al. Syntheses, characterization, and properties of Rhenium(I) tricarbonyl complexes with tetrathiafulvalene-fused phenanthroline ligands [J]. Organometallics, 2001, 30: 2173~2179.

[8] QIN Y R, ZHU Q Y, HUO L B, et al. Tetrathiafulvalene-tetracarboxylate: an intriguing building block with versatility in coordination structures and redox properties [J]. Inorg. Chem., 2010, 49: 7372~7381.

[9] XIONG J, LIU W, WANG Y, et al. Tricarbonyl Mono-and dinuclear Rhenium（Ⅰ）complexes with redox-active bis（pyrazole）-tetrathiafulvalene ligands: syntheses, crystal structures, and properties [J]. Organometallics. , 2012, 31: 3938~3946.

[10] PAOPRASERT P, LAASER J E, XIONG W, et al. Bridge-dependent interfacial electron transfer from rhenium-bipyridine complexes to TiO₂ nanocrystalline thin Films [J]. J. Phys. Chem. C, 2010, 114: 9898~9907.

[11] ZHAO F, WANG J X, LIU W Q, et al. Electronic structures and spectral properties of Rhenium(I) tricarbonyl diimine complexes with phosphine ligands: DFT/TDDFT theoretical investigations [J]. Comput. Theor. Chem. , 2012, 985: 90~96.

[12] MACHURA B, WOLFF M, BENOIST E, et al. Tricarbonyl Rhenium（Ⅰ）complex of benzothiazole e Synthesis, spectroscopic characterization, X-ray crystal structure and DFT calculations [J]. J. Org. Chem. , 2013, 724: 82~87.

[13] HAGFELDT A, BOSCHLOO G, SUN L, et al. Dye-sensitized solar cells [J]. Chem. Rev. , 2010, 110: 6595~6663.

[14] LIU P, FU J J, GUO M S, et al. Effect of the chemical modifications of thiophene-based N3 dyes on the performance of dye-sensitized solar cells: A density functional theory study [J]. Comput. Theor. Chem. , 2013, 1015: 8~14.

[15] HU L, QIN J, ZHU R M, et al. Syntheses, characterization, and properties of functionalized 9,10-bis（1,3-dithiol-2-ylidene）-9,10-dihydroanthracene derivatives and tricarbonylrhenium（Ⅰ）complexes [J]. Eur. J. Inorg. Chem. , 2012, 15: 2429~2501.

[16] BOURASS M, FITRI A, BENJELLOUN A T, et al. DFT and TDDFT investigations of new thienopyrazine-based dyes for solar cells: Effects of electron donor groups [J]. Der. Pharma. Chemica. , 2013, 5: 144~153.

[17] REHM D, WELLER A. Kinetics of fluorescence quenching by electron and H-atom transfer [J]. Isr. J. Chem. , 1970, 8: 259~271.

[18] PEARSON R G. Absolute Electronegativity and Hardness: Application to inorganic chemistry [J]. Inorg. Chem. , 1988, 27: 734~740.

[19] GOODMAN J L, PETERS K S. Effect of solvent and salts on ion pair energies in the photoreduction of benzophenone by DABCO [J]. J. Am. Chem. Soc. , 1986, 108: 1701~1703.

[20] LUNDIN N J, WALSH P J, HOWELL S L, et al. Complexes of functionalized dipyrido [3,2-a: 2′,3′-c]-phenazine: A synthetic, spectroscopic, structural, and density functional theory study [J]. Inorg. Chem. , 2005, 44: 3551~3560.

[21] MA R, GUO P, CUI H J, et al. Substituent effect on the meso-substituted porphyrins: theoretical screening of sensitizer candidates for dye-sensitized solar cells [J]. J. Phys. Chem. A, 2009, 113: 10119~10124.

[22] SANTHANAMOORTHI N, LO C M, JIANG J C. Molecular design of porphyrins for dye-sensitized solar cells: A DFT/TDDFT Study [J]. J. Phys. Chem. Lett. , 2013, 4: 524~530.

7 不同官能团对含炔基铼(Ⅰ)配合物敏化特性的调控

7.1 引言

鉴于能源和环境危机，近几年太阳能的利用引起了科学家们的极大关注[1]。由于染料敏化太阳能电池(DSSC)具有优越的性质，比如寿命较长、结构简单、易于加工制造、成本低和光电转换效率较高等，已成为科学工作者的研究热点[2]。在 DSSC 中，染料敏化剂对光电转换起着重要作用，特别是对光吸收能力的影响非常明显[3,4]，因此，选择合适的敏化分子尤其重要。性能好的染料分子需满足吸光能力强、化学稳定、激发态能级较高、与半导体吸附稳定等要求，最重要的是要带有羟基、羧基或其他吸附基团。

到目前为止，Re(Ⅰ)等 d^6 重过渡金属形成的配合物作为 DSSC 的染料敏化剂在理论和实验上被大量研究。其中，研究较多的是含 Ru 的配合物，其作为染料分子在光照下有较好的能量转换效率。与 Ru 染料相似，含羧酸基团的三羰基 Re(Ⅰ)配合物因其优异的光物理、光化学、激发态氧化还原性质，作为 DSSCs 敏化剂有潜在应用价值而备受关注。最近，Yam 等人报道合成和表征了一系列的炔基铼(Ⅰ)三羰基二亚胺配合物[5]，用实验的方法研究了其分子结构、发光性质和电化学性质。结果表明，这些配合物虽然对光有较好的吸收，可作为光敏化剂，但其光电性能有待进一步提高。

在本章中，以实验中已合成的含羧酸基团的炔基铼(Ⅰ)配合物 $[Re(CO)_3(N^\wedge N)\{C\equiv C—C_6H_4—CH=C(CN)(COOH)\}][N^\wedge N = $邻菲罗啉(phen)]作为母体(配合物 7-1)，通过在 $N^\wedge N$ 配体的 R_1 和 R_2 位置上和连接在炔基上的苯基配体的 R_3 和 R_4 位置上引入不同的供电子基团(—CH₃、—NH₂、—OH)和吸电子基团(—Br、—Cl、—NO₂)而设计了一系列的配合物(见图 7-1)，分别记为 a'1~a'6，b'1~b'6，c'1~c'6，d'1~d'6。对具有不同取代基的这些配合物进行理论计算，通过比较这些配合物的基态几何结构、电子结构、前线分子轨道和光谱性质，理解不同取代基对分子的光物理性质和光捕获效率影响的程度。这些结果可以评估染料敏化剂在 DSSC 中的潜在价值。

在 DSSC 中，染料敏化剂分子吸收太阳光，电子从基态跃迁到激发态，激发

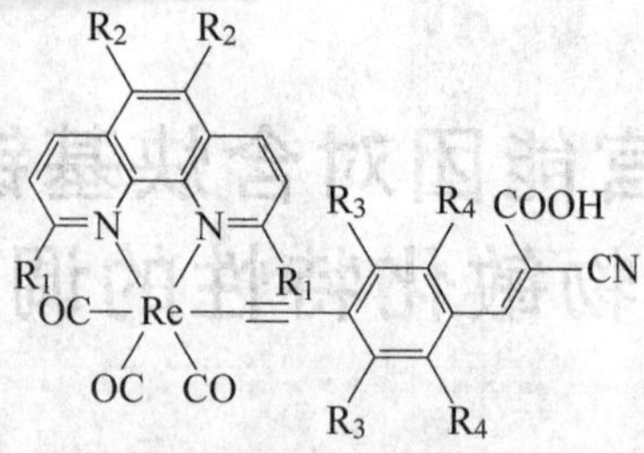

7-1:$R_1=R_2=R_3=R_4=H$

a′1~a′6:$R_1=$ —CH_3、—NH_2、—OH、—Br、—Cl、—NO_2

b′1~b′6:$R_1=$ —CH_3、—NH_2、—OH、—Br、—Cl、—NO_2

c′1~c′6:$R_1=$ —CH_3、—NH_2、—OH、—Br、—Cl、—NO_2

d′1~d′6:$R_1=$ —CH_3、—NH_2、—OH、—Br、—Cl、—NO_2

图 7-1 配合物的分子结构式

态的染料分子进而将电子注入到 TiO_2 导带中。在 TiO_2 和染料分子之间的界面电荷转移(ICT),称为直观电子注入机制[6]。染料和 TiO_2 的相互作用是实现光电转换性能的先决条件[7],因此成为本章研究的重点。

7.2 计算方法

本章中所有的计算都是在高斯 09 软件包下进行的。采用不同的计算方法对配合物 a′1 的基态几何结构进行优化,通过对比分析理论值与实验值得知(见表 7-1),用 PBE1PBE 方法得到的键长键角值与实验值吻合程度最好,说明此方法可靠。所以,本章对所设计配合物的优化和频率计算都采用的是密度泛函理论(DFT)的混合泛函 PBE1PBE,其含有 1/4 的 Hartree-Fock 和 3/4 的 PBE。Re 原子和 Ti 原子采用的是 Hay 和 Wadt 提出的 LANL2DZ 赝势基组,其他原子采用的是 6-31G(d)基组。染料和染料/TiO_2 结合系统的光物理性质用 TD-DFT 方法计算研究,考虑到乙腈溶液的溶剂化效应,采用了极化连续模型(PCM)。

表 7-1 用不同计算方法优化得到的配合物 a′1的理论数据和相似配合物的实验值

	键参数	实验值	PBE1PBE S_0 (绝对误差)	B3LYP S_0 (绝对误差)	B3P86 S_0 (绝对误差)	BPBE S_0 (绝对误差)	BPW91 S_0 (绝对误差)
键长 /Å	Re(1)—N(1)	2.214	2.232(0.018)	2.273(0.059)	2.236(0.022)	2.249(0.035)	2.253(0.039)
	Re(1)—N(2)	2.230	2.232(0.002)	2.271(0.041)	2.235(0.005)	2.247(0.017)	2.251(0.021)
	Re(1)—C(1)	1.884	1.910(0.026)	1.920(0.036)	1.910(0.026)	1.918(0.034)	1.918(0.034)
	Re(1)—C(2)	1.907	1.910(0.003)	1.920(0.013)	1.911(0.004)	1.918(0.011)	1.918(0.011)
	Re(1)—C(3)	1.951	1.961(0.010)	1.975(0.024)	1.962(0.011)	1.973(0.022)	1.974(0.023)
	Re(1)—C(4)	2.186	2.093(0.093)	2.113(0.073)	2.095(0.091)	2.092(0.094)	2.094(0.092)
	C(4)≡C(5)	1.152	1.230(0.078)	1.231(0.079)	1.230(0.078)	1.244(0.092)	1.244(0.092)

键参数		实验值	PBE1PBE S_0 (绝对误差)	B3LYP S_0 (绝对误差)	B3P86 S_0 (绝对误差)	BPBE S_0 (绝对误差)	BPW91 S_0 (绝对误差)
键角 /(°)	N(1)— Re(1)—N(2)	75.5	74.9(0.6)	74.4(1.1)	74.9(0.6)	74.9(0.6)	74.9(0.6)
	N(1)— Re(1)—C(1)	172.8	171.5(1.3)	171.6(1.2)	171.6(1.2)	172.1(0.7)	172.1(0.7)
	N(2)— Re(1)—C(2)	176.6	171.3(5.3)	171.7(4.9)	171.8(4.8)	172.1(4.5)	172.1(4.5)
	C(3)— Re(1)—C(4)	177.2	176.5(0.7)	176.0(1.2)	176.4(0.8)	177.0(0.2)	176.9(0.3)

　　此外，$Ti_5O_{20}H_{22}$(101)模型是从晶体面上截取出来的。这些钛原子可分为两种类型：一种是五配位的；另一种是六配位的。五配位 Ti 原子位于 $Ti_5O_{20}H_{22}$(101)表面，用于吸附位点。六配位的钛原子从 TiO_2 晶体中切出。所有的计算都是通过使用高性能计算机浪潮 TS1000 完成的。

7.3　结果与讨论

7.3.1　孤立染料分子和染料/TiO_2 整个体系的结构

　　图 7-2 中左图是用 PBE1PBE 优化的母体配合物 7-1 的基态几何结构图。从图中可以看出 Re 原子采取扭曲的八面体构型，其中三个羰基在一个平面上。本章所研究的分子均有典型的面式—$Re(CO)_3$ 结构单元。配合物 7-1 中的 C≡C 的键长为 1.230Å，比一般的金属炔基配合物中的 1.152Å 略长。这轻微的偏差可能是由于理论计算是在气相环境中进行的，而实验测得的是密堆积晶体结构数据。N—Re—N 的键角为 74.9°，小于 90°，这是 phen 配体的螯合作用形成的，在其

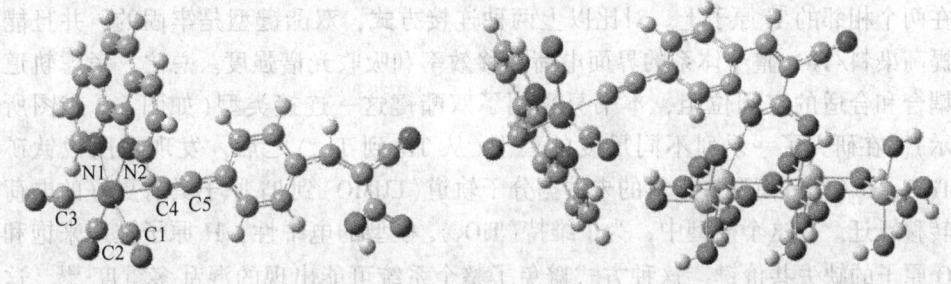

图 7-2　用 PBE1PBE 方法优化的染料分子配合物 7-1 和配合物 7-1/TiO_2
结合体系 1(101)的基态分子构型图

他结构类似的配合物中也有这些变化[8]。Re—C≡C 单元与 C(3)—Re(1)—C(4)之间的角度为 176.5°，基本处于一条直线上，这与其他炔基铼配合物的结构特征一样[9]。

理论计算中，TiO_2 模型的选取直接关系到染料分子的电荷注入效率[10,11]。TiO_2 表面的建立采用的是晶体学数据中的 TiO_2 模型。TiO_2 在热力学上稳定的表面主要包括锐钛矿(101)面和金红石(110)面，然而，实际应用中通常采用锐钛矿(101)面作为合适的纳米微粒表面，是由于它在 DSSCs 中有更低的表面能和更高的界面电荷转移效率。事实证明，TiO_2 模型选取得越大，越有利于突出 TiO_2 半导体作为载体的性能。然而，实际应用中考虑到诸多因素，选择的 TiO_2 模型不能太大。一方面，考虑到计算方法和基组的可行性，同时使计算更便捷并降低成本，选择合适的模型是必要的；另一方面，考虑到轨道耦合的效果，直接与附着配体连接的两个 Ti 原子有最大的轨道贡献，几乎决定了所有低能量吸收带的贡献，而与这两个 Ti 原子有轨道重叠的其他原子对轨道成分的贡献影响较小。这表明，Ti 原子与附着配体距离的远近是决定轨道贡献和电荷转移特性的关键因素。基于此，对计算而言，选择小型模型是合理的。

在 DSSCs 中，作为附着配体的羧酸基团用于将整个染料分子连接到半导体 TiO_2 表面。由于羧酸能提高染料和半导体 TiO_2 界面的电子耦合，进而引起超快的、高效率的电子注入，所以羧酸盐成为目前应用最广泛的附着基团。然而，在染料和 TiO_2 薄膜之间有多种不同的连接方式，比如单酯键型、螯合键型和双酯键型。其中，单酯键是一种不稳定的结构，容易旋转，在合适的距离内会转化为双酯键的形式。也就是说，单酯键是稳定连接方式的中间体，导致采用这种方式获得的吸收光谱不仅弱，而且多变。因此，单酯键连的形式对研究整个体系的性质来说是不合理的。此外，螯合键连的形式也是不合理的，因为将羧酸基团的两个 O 原子连接在同一个 Ti 原子上，会导致相对标准的锐钛矿(101)表面有很大的空间位阻和过度的表面张力，使螯合键非常不稳定，很容易转变为其他的连接方式。最终，双酯键型被确定为最合适的连接类型，即羧酸基团的两个 O 原子连接在两个相邻的 Ti 原子上。对比以上两种连接方式，双酯键型是牢固的，并且能提高染料/TiO_2 整个体系的界面电荷转移效率和吸收光谱强度。总之，考虑轨道耦合和合适的空间位阻，本书只采用了双酯键这一连接类型(如图 7-2 右图所示)。在研究了一系列不同尺度的模型(从 Ti_5 到 Ti_{10})之后，发现采用锐钛矿 $Ti_5O_{20}H_{22}$(101)模型从染料的未占据分子轨道(LUMO)到 Ti 原子具有更好的电荷转移跃迁。在这个模型中，为了维持$(TiO_2)_5$ 模型的电中性，H 原子被用来饱和 O 原子的缺失共价键，这种方式避免了整个系统可能出现的混乱多重度[12]。这证明使用该模型描述半导体的性质是合理的[13~15]。

对整个体系的结构进行优化时，为了保持锐钛矿(101)的表面结构，固定

TiO₂ 上的 Ti 原子和 O 原子不动，优化包括羧酸根基团(—COO⁻)和 TiO₂ 表面上的 H 原子在内的所有染料分子上的原子。根据染料/TiO₂ 整个体系的优化计算结果，在染料和 TiO₂ 薄膜之间连接的 Ti—O 键键长分别约为 3.192Å 和 1.930Å，比实际 TiO₂ 晶体结构的 Ti—O 键键长(1.973Å 和 1.930Å)更长。更值得注意的是，在染料/TiO₂ 整个体系中，两个 Ti—O 键的键长是不相等的，可能是由于附着配体羧酸基团的去质子化，引起质子向其中一个 O 原子表面迁移，结果导致未配位表面 Ti 原子的酸度出现偏差，酸性更强的 Ti 原子倾向于形成更强的 Ti—O 键相互作用，即更短的 Ti—O 键长。

优化之后，理论计算研究了不同取代基对铼配合物的分子轨道能级差和吸收光谱的影响，并且计算了振子强度(f)、驱动力(D)和光捕获效率(LHE)的相关性质。这些性质对 DSSCs 性能的研究起着至关重要的作用。

7.3.2 孤立染料分子和染料/TiO₂ 体系的前线分子轨道

前线分子轨道在电荷转移跃迁过程中起着重要的作用。为了获得从染料到 TiO₂ 表面更有效的电荷转移跃迁，最高占据分子轨道的能级水平(HOMOs)应低于 I₂/I₃⁻ 的氧化还原势(-4.8eV)，以确保从电解质中获得的电子得以再生，而且最低空轨道(LUMOs)的能级水平应高于 TiO₂ 的导带能级(-4.0eV)，为电子注入提供足够的驱动力。图 7-3 为计算的配合物 HOMO 和 LUMO 能级水平。对于所有

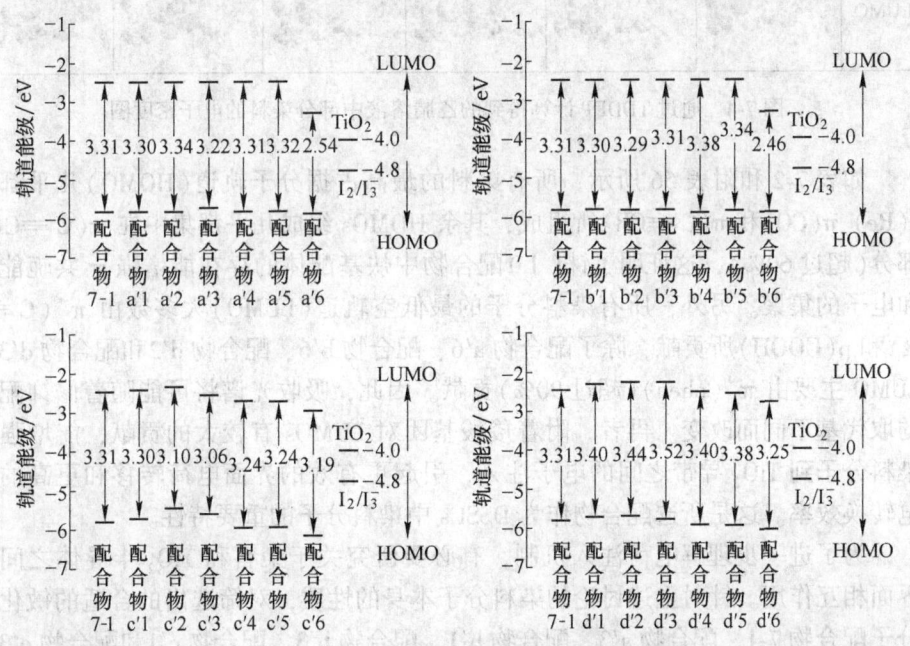

图 7-3　配合物的分子轨道能级图

设计的染料分子，HOMO 能级水平约为-5.80eV，LUMO 能级水平约为-2.50eV，这样保证了有效的电子注入和再生。此外，根据前人的研究结果，较小的 HOMO-LUMO 能级差会使 DSSCs 的电荷转移效率更高[16]。由图 7-1 可知，与母体配合物 7-1 对比，孤立染料的 HOMO-LUMO 能级差顺序为：配合物 b′6(2.46eV)<配合物 a′6(2.54eV)<配合物 c′3(3.06eV)<配合物 c′2(3.10eV)<配合物 c′6(3.19eV)<配合物 a′3(3.22eV)<配合物 c′5(3.24eV)<配合物 d′6(3.25eV)<配合物 b′2(3.29eV)<配合物 b′1(3.30eV)=配合物 c′1(3.30eV)<配合物 7-1(3.31eV)=配合物 b′3(3.31eV)，表明以上设计的这些染料分子作为染料敏化剂有更好的性能。

为了更直观地理解分子结构的变化对前线分子轨道空间分布的影响，图 7-4 表示通过 TD-DFT 方法计算得到的在乙腈溶液中关于部分染料的电子密度图，从图中可以看出，所有染料有几乎相同的前线分子轨道分布。另外，表 7-2 和附表 56 列出了所有设计的染料分子在乙腈溶液中的部分分子轨道组分、能量值和主要键的类型。

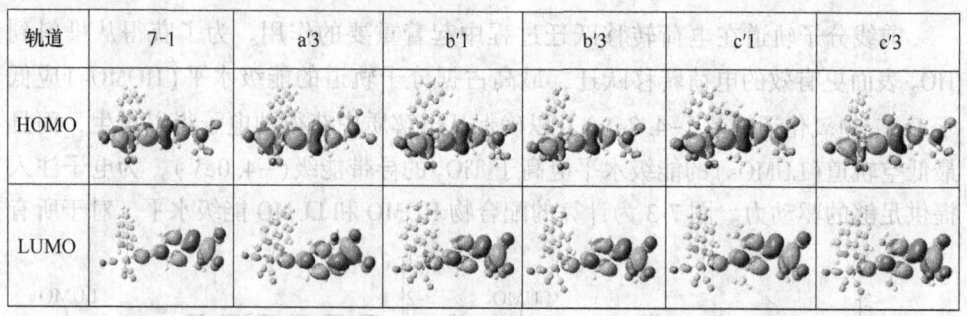

轨道	7-1	a′3	b′1	b′3	c′1	c′3
HOMO						
LUMO						

图 7-4　通过 TDDFT 计算得到的乙腈溶液中部分染料的电子密度图

如表 7-2 和附表 56 所示，所有染料的最高占据分子轨道(HOMO)几乎都由 d(Re)、π(CO)和 π(C≡CR)所组成，其余 HOMOs 组成几乎都集中在 π(C≡CR) 部分(超过 60%)，这证明了铼(Ⅰ)配合物中炔基配体的存在能增强 π 共轭能力和电子的集聚。另外，所有染料分子的最低空轨道(LUMO)大多数由 π*(C≡CR)和 p(COOH)所贡献，除了配合物 a′6、配合物 b′6、配合物 d′2和配合物 d′3的 LUMO 主要由 π*(phen)(超过 90%)贡献。因此，吸收光谱将可能随着修饰配体的取代基不同而改变。再者，附着羧酸基团对 LUMOs 有较大的贡献，能增强从染料分子到 TiO$_2$ 导带之间的电子注入，引起更有效的界面电荷转移和更高的光电转换效率。这是所选配合物作为 DSSCs 中染料分子的重要特性。

为了进一步理解电荷注入机制，有必要研究关于染料和 TiO$_2$ 半导体之间的界面相互作用。针对上述讨论的染料分子本身的性质，对筛选出的合适的敏化剂分子配合物 7-1，配合物 a′3，配合物 b′1，配合物 b′3，配合物 c′1和配合物 c′3再加上 TiO$_2$ 结构来加以讨论。理论计算采用的是 Ti$_5$O$_{20}$H$_{22}$(101)模型，与染料分子

表 7-2 配合物 7-1 在乙腈溶液中的分子轨道组分

轨道	能量 /eV	分子轨道分布/%					主 要 键 型
		Re	CO	phen	C≡CR	COOH	
L+3	-0.82	2.81	2.24	92.33	0.71		π^*(phen)
L+2	-2.10			98.28			π^*(phen)
L	-2.49	1.46	1.71	0.37	80.63	13.05	π^*(C≡CR)+P(COOH)
HOMO-LUMO 能隙=3.31							
H	-5.80	28.05	13.20	0.41	52.31	0.82	d(Re)+π(CO)+π(C≡CR)
H-3	-6.95	35.52	13.73	7.65	38.61	1.53	d(Re)+π(CO)+π(C≡CR)
H-5	-7.52				96.98	1.42	π(C≡CR)
H-6	-7.69	0.25		88.16	9.26	0.52	π(phen)+π(C≡CR)

通过双酯键形式连接起来。表 7-3 和附表 81~附表 85 分别表示配合物 7-1(101)，配合物 a′3(101)，配合物 b′1(101)，配合物 b′3(101)，配合物 c′1(101)和配合物 c′3(101)体系的部分分子轨道组成。图 7-5 表示配合物 7-1(101)，配合物 a′3(101)，配合物 b′1(101)，配合物 b′3(101)，配合物 c′1(101)和配合物 c′3(101)的前线分子轨道能级水平。另外，图 7-6 表示了典型染料/TiO$_2$(101)结合体系在乙腈溶液中的电子密度图。

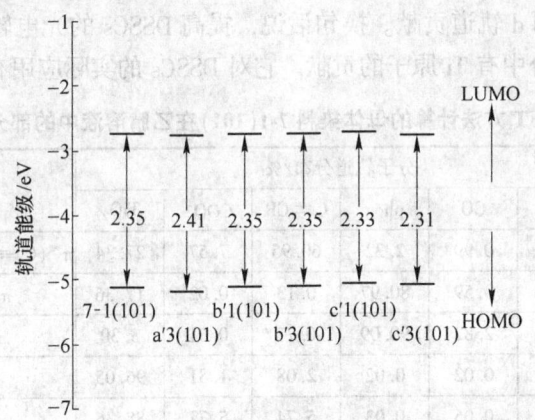

图 7-5 配合物 7-1(101)，a′3(101)，b′1(101)，b′3(101)，
c′1(101)和 c′3(101)的前线分子轨道能级水平

从图 7-5 可以直观地看出染料/TiO$_2$(101)结合体系的 HOMO-LUMO 能级差从小到大的顺序为：配合物 c′3(101)(2.31eV)<配合物 c′1(101)(2.33eV)<配合物 b′1(101)(2.35eV)=配合物 7-1(101)(2.35eV)=配合物 b′3(101)(2.35eV)<配

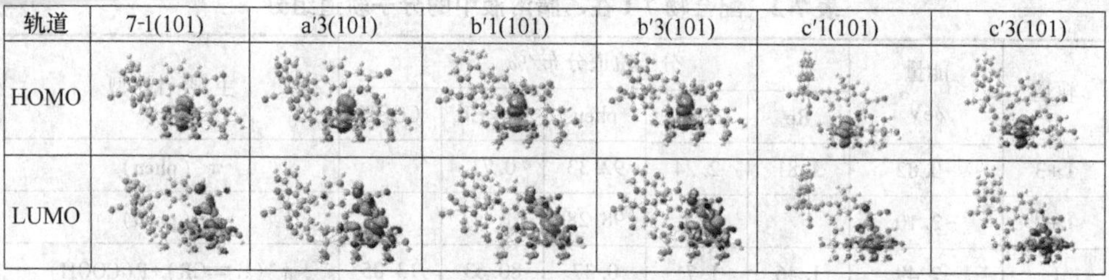

轨道	7-1(101)	a'3(101)	b'1(101)	b'3(101)	c'1(101)	c'3(101)
HOMO						
LUMO						

图 7-6　典型染料/TiO₂(101)结合体系在乙腈溶液中的电子密度图

合物 a'3(101)(2.41eV)。与孤立染料相比，染料/TiO₂(101)结合体系的 HOMO-LUMO 能级差顺序与孤立染料基本相同，但是染料/TiO₂(101)结合体系的 HOMO-LUMO 能级差大小比孤立染料更窄。原因可能是染料和 TiO₂ 之间有强烈的轨道耦合，导致了能级差的降低。这一特征对 DSSCs 的应用非常有利。

当母体染料 7-1 与 TiO₂(101)表面结合之后，在适当的吸收光谱范围内，涉及的相关的分子轨道(MOs)数目有所增加。正如表 7-3 所示，配合物 7-1(101)的 HOMO 和 LUMO 都由 Ti 的 d 轨道所贡献(见图 7-6)。然而其他的占据分子轨道，比如 HOMO-1、HOMO-2 和 HOMO-4 的轨道组分来源于染料分子本身。另外，几乎所有的 LUMOs 组分都包含 Ti 的 d 轨道贡献。本质上，电荷转移过程是从 HOMOs 到 LUMOs，然后注入到 TiO₂ 导带中，这表明在电荷转移过程中，要想维持超快的激发态电子注入，就要保证染料/TiO₂(101)结合体系的 LUMOs 轨道组成尽可能包含 Ti 的 d 轨道贡献。换句话说，提高 DSSCs 的光电转换效率的关键因素是在 LUMOs 组分中有 Ti 原子的贡献。它对 DSSCs 的实际应用有直接的影响。

表 7-3　用 TDDFT 方法计算的母体染料 7-1(101)在乙腈溶液中的部分分子轨道组成

轨道	能量 /eV	分子轨道分布/%						主要键型
		Re	CO	phen	C≡CR	COO⁻	TiO₂	
L+7	-2.09	0.94	0.99	2.22	60.95	7.57	27.34	π^*(C≡CR)+P(COO⁻)+d(Ti)
L+6	-2.13	0.92	0.59	80.97	0.13	0.02	17.36	π^*(phen)+d(Ti)
L+4	-2.30	3.01	2.82	90.09	0.77	0.01	3.30	π^*(phen)
L+1	-2.71	0.02	0.02	0.02	2.08	1.81	96.05	d(Ti)
L	-2.76	0.06	0.05	0.03	5.74	5.77	88.36	d(Ti)
HOMO-LUMO 能隙=2.35								
H	-5.11	0.05	0.03	0.01	0.71	0.60	98.60	d(Ti)
H-1	-5.76	19.31	9.76	2.49	66.53	1.15	0.76	d(Re)+π(CO)+π(C≡CR)
H-2	-6.07	39.57	19.22	3.54	37.47	0.01	0.18	d(Re)+π(CO)+π(C≡CR)
H-4	-6.90	31.19	13.65	22.76	30.63	1.39	0.39	d(Re)+π(CO)+π(phen)+π(C≡CR)

关于其他的染料/TiO$_2$(101)结合体系，分子轨道的组成都类似于母体染料 7-1(101)的分子轨道组成。值得注意的是，C≡CR 辅助配体对大多数分子轨道都有很大的贡献，它能促进更多的电子通过整个染料/TiO$_2$(101)结合体系，从而降低体系所需的电子跃迁能。因为 C≡CR 辅助配体的诱导作用不仅可以有效地诱导光电转换，而且可以在适当的光谱范围内增强染料分子的吸收特性。

7.3.3 孤立染料分子和染料/TiO$_2$ 体系的吸收光谱性质

基于优化的基态几何结构，TDDFT/PBE1PBE 方法被用来获得在乙腈溶液中的吸收光谱。吸收光谱的性质对衡量 DSSCs 性能的好坏起着至关重要的作用。附表 80 给出了本章配合物的吸收光谱数据，包括最大组态相互作用系数(CI > 0.20)对应的激发态、跃迁能(E)、波长(λ)、振子强度(f)和电荷跃迁特性。

图 7-7 是所有设计染料的吸收光谱曲线图，染料分子在 200～600nm 的吸收光谱是由于染料只有在可见光区和近红外区才能有效地捕获太阳光。从图中可以看出，所有染料在可见光区到近红外区都有较宽且强的吸收强度。

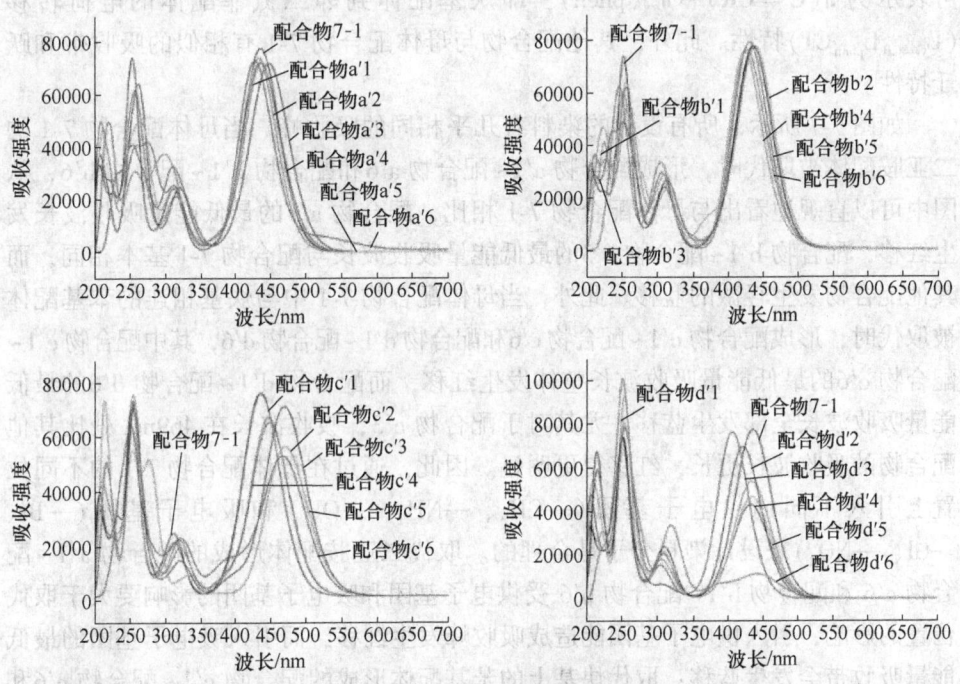

图 7-7 染料分子的吸收光谱图

典型地，对于母体配合物 7-1，最低吸收带是在 438nm，其他主要吸收峰是在 313nm 和 252nm，与测得的实验值 371nm、295nm 和 272nm 基本吻合。由此证明，用 PBE1PBE 泛函计算的相应位置的吸收带与实验趋势基本一致，这种计算方法是可靠的。正如附表 80 所示，在配合物 7-1 的最强吸收峰 438nm 处，电子激发主要发生在 HOMO→LUMO(CI＝0.93)的跃迁。根据前线轨道的分析，配合物 7-1 的 HOMO 主要是由 d(Re)、π(CO)和 π(C≡CR)的轨道贡献组成，而 LUMO 主要是由 π*(C≡CR)和 p(COOH)轨道混合贡献组成。因此，HOMO→LUMO 的跃迁主要来源于 [d(Re)+π(CO)+π(C≡CR)]→[π*(C≡CR)+p(COOH)] 的电荷转移，即表现为 $M(L_{C≡CR}L_{COOH})CT/L_{CO}(L_{C≡CR}L_{COOH})CT/IL_{C≡CR}CT$(金属到配体的电荷转移和配体内部之间的电荷转移)特性。另外，配合物 7-1 在 313nm 处的吸收主要是 HOMO-3 →LUMO(CI＝0.95)之间的跃迁。因为 HOMO-3 和 HUMO 的轨道贡献一致，都由 d(Re)、π(CO)和 π(C≡CR)轨道组成，所以在 313nm 处的电子激发也是金属到配体的电荷转移和配体到配体的电荷转移特性(MLCT 和 LLCT)。配合物 7-1 在 272nm 处的吸收是由 HOMO-5→LUMO+2(CI＝0.89)的跃迁组成，其中 HOMO-5 是由 π(C≡CR)轨道贡献，而 LUMO+2 是由 π*(phen)轨道贡献组成。因此，HOMO-5→LUMO+2 的轨道跃迁可表示为 π(C≡CR)→π*(phen)，即炔基配体到邻二氮菲配体的电荷转移($L_{C≡CR}L_{phen}CT$)特性。此外，其他配合物与母体配合物 7-1 有相似的吸收带和跃迁特性。

如图 7-7 所示，所有设计的染料有几乎相同的吸收峰。当母体配合物 7-1 的二亚胺配体被取代时，形成配合物 a′1~配合物 a′6 和配合物 b′1~配合物 b′6，从图中可以直观地看出与母体配合物 7-1 相比，配合物 a′3 的最低能量吸收波长发生红移，配合物 b′1~配合物 b′3 的最低能量吸收波长与配合物 7-1 基本相同，而其他配合物发生轻微的蓝移。此外，当母体配合物 7-1 中与炔基相连的苯基配体被取代时，形成配合物 c′1~配合物 c′6 和配合物 d′1~配合物 d′6，其中配合物 c′1~配合物 c′6 的最低能量吸收波长整体发生红移，而配合物 d′1~配合物 d′6 的最低能量吸收波长全部发生蓝移。尤其对于配合物 c′3，吸收波长在 469nm 处比其他配合物的吸收波长更长，红移得更明显。因此，通过在母体配合物 7-1 的不同位置上引入不同的供电子基团(—CH_3、—NH_2、—OH)和吸电子基团(—Br、—Cl、—NO_2)来设计染料分子是合理的。取代二亚胺配体形成的配合物 a′1~配合物 a′6 和配合物 b′1~配合物 b′6 受供电子基团和吸电子基团的影响要大于取代位置的影响，引入供电子基团能造成吸收峰发生红移，而引入吸电子基团的最低能量吸收带会发生蓝移；取代炔基上的苯基配体形成的配合物 c′1~配合物 c′6 和配合物 d′1~配合物 d′6 受取代位置的影响要大于供电子基团和吸电子基团性质的影响。分析计算数据，计算的吸收主要取决于炔基配体的 π-桥结构。另外，所有设计染料的最大吸收波长顺序为：配合物 c′3(469nm)＝配合物 c′2(469nm)＝配合物 c′6(469nm)>配合物 a′3(449nm)＝配合物 c′4(449nm)>配合物 c′5

(447nm)>配合物 d′6(445nm)>配合物 b′1(438nm)＝配合物 c′1(438nm)＝配合物 b′3(438nm)＝配合物 7-1(438nm)，几乎与 HOMO-LUMO 的轨道能级差顺序相一致，但是除了配合物 b′6 和配合物 a′6，最大吸收波长和 HOMO-LUMO 能级差的变化是不同的，原因可能是硝基有很强的吸电子能力。另外，配合物 d′6 的振子强度较弱，会导致光捕获效率下降。配合物 a′6 虽然有较小的 HOMO-LUMO 能级差，但是与母体配合物 7-1 相比，吸收光谱没有变宽且发生明显的红移。

总体来说，配合物 a′3，配合物 b′1 和配合物 b′3 以及配合物 c′1～配合物 c′6 比其他配合物的吸收性质更优。因此，可以通过改变取代基的种类和位置，调节染料敏化剂的性质，从而筛选出合适的染料敏化剂，提高 DSSCs 的光电转换效率。

为了准确地计算典型染料/TiO$_2$(101)结合体系的吸收光谱，考虑到溶剂化效应，采用 TDDFT 方法在乙腈溶液中进行 PCM 计算。表 7-4 总结了染料/TiO$_2$(101)结合体系 7-1(101)，a′3(101)，b′1(101)，b′3(101)，c′1(101)～c′3(101)有关吸收的特性，包括激发跃迁对应的组态最大系数(CI)，激发能(E)，波长(λ)，振子强度(f)和电荷跃迁特性。图 7-8 表示典型染料/TiO$_2$(101)结合体系的模拟吸收光谱曲线图。

表 7-4 部分分子的主要电荷跃迁特征所对应的激发能(E)，吸收波长(λ_{cal})和跃迁振子强度(f)，以及实验观测到的配合物 **7-1** 的吸收波长(λ_{exp})

跃迁类型		|CI|(coeff)	E/eV	λ_{cal}/nm	f	跃 迁 性 质
7-1 (101)	H−1→L+1	0.66121(0.97)	2.59	479	0.0131	d(Re)+π(CO)+π(C≡CR)→d(Ti)
	H−1→L+7	0.57184(0.65)	3.13	396	0.3116	d(Re)+π(CO)+π(C≡CR)→ π*(C≡CR)+P(COO$^-$)+d(Ti)
	H−2→L+6	0.34913(0.24)				d(Re)+π(CO)+π(C≡CR)→ π*(phen)+d(Ti)
	H−4→L+4	0.58291(0.68)	3.83	324	0.0561	d(Re)+π(CO)+π(phen)+ π(C≡CR)→π*(phen)
a′3 (101)	H−1→L+1	0.53045(0.56)	2.49	498	0.0110	d(Re)+π(CO)+π(C≡CR)→d(Ti)
	H−1→L+7	0.66662(0.89)	3.06	405	0.4313	d(Re)+π(CO)+π(C≡CR)→ π*(C≡CR)+P(COO$^-$)+d(Ti)
	H−4→L+6	0.39295(0.31)	3.70	335	0.0408	d(Re)+π(CO)+π(phen)+ π(C≡CR)→π*(phen)+d(Ti)
	H−4→L+5	0.36233(0.30)				d(Re)+π(CO)+π(phen)+ π(C≡CR)→π*(phen)+d(Ti)

跃迁类型		|CI|(coeff)	E/eV	λ_{cal}/nm	f	跃迁性质
b'1 (101)	H-1→L+1	0.65387(0.86)	2.58	481	0.0127	d(Re)+π(CO)+π(C≡CR)→d(Ti)
	H-1→L+6	0.51439(0.53)	3.13	396	0.4248	d(Re)+π(CO)+π(C≡CR)→π*(phen)+π*(C≡CR)+d(Ti)
	H-1→L+7	0.43823(0.38)				d(Re)+π(CO)+π(C≡CR)→π*(phen)+π*(C≡CR)+d(Ti)
	H→L+16	0.59828(0.72)	3.78	328	0.0002	d(Ti)→π*(phen)
b'3 (101)	H-1→L+1	0.65304(0.85)	2.58	480	0.0126	d(Re)+π(CO)+π(C≡CR)→d(Ti)
	H-1→L+6	0.60856(0.74)	3.14	395	0.4141	d(Re)+π(CO)+π(C≡CR)→π*(C≡CR)+d(Ti)
	H-3→L+8	0.56766(0.64)	3.75	331	0.1104	π(phen)→π*(phen)+d(Ti)
c'1 (101)	H-1→L	0.77919(0.63)	2.48	501	0.0772	d(Re)+π(CO)+π(C≡CR)→d(Ti)
	H-1→L+1	0.76153(0.61)	2.54	489	0.0272	d(Re)+π(CO)+π(C≡CR)→d(Ti)
	H-1→L+4	0.51005(0.52)	2.69	461	0.0443	d(Re)+π(CO)+π(C≡CR)→π*(phen)+d(Ti)
	H-1→L+3	0.47206(0.45)				d(Re)+π(CO)+π(C≡CR)→π*(phen)+d(Ti)
	H-1→L+8	0.56345(0.63)	3.20	387	0.5561	d(Re)+π(CO)+π(C≡CR)→π*(C≡CR)+d(Ti)
	H-1→L+7	0.40642(0.33)				d(Re)+π(CO)+π(C≡CR)→d(Ti)
	H-4→L	0.24201(0.12)	3.80	326	0.0004	d(Re)+π(CO)→d(Ti)
c'2 (101)	H-1→L	0.74713(0.57)	2.15	576	0.0637	d(Re)+π(C≡CR)→d(Ti)
	H-1→L+1	0.68455(0.49)	2.22	559	0.0211	d(Re)+π(C≡CR)→d(Ti)
	H-1→L+6	0.55059(0.34)	2.78	446	0.5057	d(Re)+π(C≡CR)→π*(phen)+π*(C≡CR)+d(Ti)
	H-4→L+4	0.57414(0.37)	3.62	342	0.0176	d(Re)+π(CO)+π(phen)+π(C≡CR)→π*(phen)
c'3 (101)	H-1→L	0.81187(0.68)	2.30	539	0.0156	d(Re)+π(CO)+π(C≡CR)→d(Ti)
	H-1→L+2	0.78699(0.65)	2.56	484	0.0503	d(Re)+π(CO)+π(C≡CR)→d(Ti)
	H-1→L+8	0.55914(0.63)	3.10	400	0.3936	d(Re)+π(CO)+π(C≡CR)→π*(C≡CR)+d(Ti)
	H-2→L+4	0.37868(0.29)				d(Re)+π(CO)+π(C≡CR)→π*(phen)
	H-15→L+2	0.26065(0.14)	3.74	331	0.0001	d(Ti)→d(Ti)

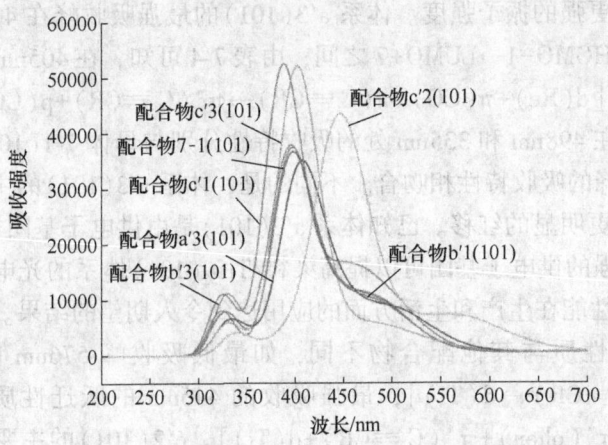

图7-8 典型染料/TiO₂(101)结合体系的模拟吸收光谱曲线图

　　根据计算结果，这些体系的最低能量吸收波长与孤立染料相比都发生了红移，其大小顺序为：c′2(101)(576nm)>c′3(101)(539nm)>c′1(101)(501nm)>a′3(101)(498nm)>b′1(101)(481nm)>b′3(101)(480nm)>7-1(101)(479nm)。除了c′2(101)分子，其他的染料/TiO₂(101)结合体系与母体7-1(101)有基本相似的吸收特性。以母体染料/TiO₂(101)结合体系7-1(101)为例分析吸收性质。7-1(101)在479nm、396nm和324nm波长处有3个吸收峰。最强吸收峰在396nm处的跃迁是由HOMO−1→LUMO+7所贡献的。根据表7-3，体系7-1(101)的HOMO−1主要由d(Re)、π(CO)和π(C≡CR)轨道所贡献，LUMO+7的轨道组分主要包括π*(C≡CR)、p(COO⁻)和d(Ti)轨道。因此，体系7-1(101)在396nm处的电荷转移跃迁就可以表示[d(Re)+π(CO)+π(C≡CR)→π*(C≡CR)+p(COO⁻)+d(Ti)]，表明在396nm处的电荷转移跃迁不仅发生在染料分子本身，而且包括从染料分子到TiO₂表面的电荷转移。另一吸收峰在479nm处，电子激发主要发生在HOMO−1→LUMO+1之间，又LUMO+1的轨道组分位于Ti原子的d轨道，所以在479nm处的电荷转移跃迁可表示为[d(Re)+π(CO)+π(C≡CR)→d(Ti)]，表明在479nm处的电荷转移只来源于从染料分子到TiO₂表面的跃迁。此外，吸收峰在324nm处，激发跃迁位于HOMO−4→LUMO+4之间，又HOMO−4的轨道组分主要由d(Re)、π(CO)、π(phen)和π(C≡CR)轨道所贡献，LUMO+4的轨道组分位于π*(phen)轨道，所以在324nm处的电荷转移跃迁可总结为[d(Re)+π(CO)+π(phen)+π(C≡CR)→π*(phen)]，这表明在324nm处的电荷转移只发生在染料分子本身。

　　对于体系a′3(101)，最强吸收峰在405nm处的电荷转移特性与体系7-1(101)在396nm处这一最强吸收峰的电荷转移特性基本一致，但a′3(101)吸收峰在405nm处有更强的振子强度。体系 a'3(101) 的最强吸收峰在405nm处的主要电子激发是在 HOMO-1→LUMO+7 之间，由表7-4可知，在405nm处的电荷转移跃迁可表示为 $[d(Re)+\pi(CO)+\pi(C\equiv CR)\rightarrow\pi^*(C\equiv CR)+p(COO^-)+d(Ti)]$。另外，吸收峰在498nm和335nm处的吸收特性分别与母体 7-1(101) 在479nm和324nm处吸收峰的吸收特性相吻合。不同的是，体系 a'3(101) 的主要吸收峰比母体 7-1(101) 有更明显的红移。已知体系 a'3(101) 是由供电子基团羟基(—OH)取代，表明添加强的供电子基团可以提高染料/TiO_2(101)体系的光电转换效率，这将使DSSCs的性能在生产和生活方面的应用达到令人期望的结果。c'2(101) 的吸收光谱的跃迁性质与其他配合物不同，如最低吸收峰576nm的跃迁性质为 $[d(Re)+\pi(C\equiv CR)\rightarrow d(Ti)]$，最强吸收的446nm的跃迁性质为 $[d(Re)+\pi(C\equiv CR)\rightarrow\pi^*(phen)+\pi^*(C\equiv CR)+d(Ti)]$。c'2(101) 的主要吸收光谱性质不涉及 $\pi(CO)$，这是与其他染料分子吸收光谱性质的主要不同之处。因此，通过在辅助配体上添加不同的供电子和吸电子取代基来设计染料敏化剂，能更好地调节DSSCs的各种性能，有助于发现更有价值的染料敏化剂。

7.3.4　染料分子在 DSSC 中的性能

光电转换效率 (η_c) 及相关参数，如光捕获效率 $LHE(\lambda)$、电子注入效率 φ_{inject}、垂直跃迁驱动力 (D) 等参数，是决定染料分子在 DSSC 中性能的主要因素，其定义与计算公式与第6章相同。

表7-5列出了所有染料分子 ΔG_{aq}、$E^{\ominus}$、D 和 LHE 的计算值，计算结果表明染料分子上添加的取代基种类和位置的不同对相关参数的变化趋势有一个轻微的影响，所有的配合物都有足够的驱动力来保证电子能从染料激发态注入到 TiO_2 导带中。对此，LHE 对 DSSC 的光电转换效率起着重要的作用。实验和理论上已经证明，较高的 LHE 和较大的 D 和 ΔG_{aq} 值将会产生更好的染料性能。

如表7-5所示，根据理论计算，结合前线轨道的分析结果，所设计染料分子的 LHE 值从大到小的顺序为：配合物 b'1(0.9058)>配合物 7-1(0.9048)>配合物 c'3(0.8979)>配合物 c'1(0.8977)>配合物 b'3(0.8959)>配合物 a'3(0.8874)>配合物 c'2(0.6927)。可以看出，除了配合物 c'2 分子，其他分子的 LHE 值变化不大。另外，比较这些配合物的 D 值发现，它们都有足够的驱动力使电子从染料分子注入到 TiO_2 导带。例如，分子 7-1 的氧化还原电位比 TiO_2 的导带低 2.3eV，因此其至少应吸收 1.9eV 的能量才能保证电子跃迁到 TiO_2 的导带中。分子 7-1 的最低吸收光谱能量为 2.83eV，能满足电子的有效跃迁。因此，结合之前对染料分子的 HOMO-LUMO 能级差和最大吸收波长的讨论结果，得出染料分子配合物 7-1，配合物 a'3，配合物 b'1，配合物 b'3，配合物 c'1 和配合物 c'3 有较小的能级差、较大的吸收波长和较高的光捕获效率，有利于提高 DSSC 的光电转换效率。

换句话说，这几种染料分子能作为合适的敏化剂应用于染料敏化太阳能电池中。

表 7-5　分子吉布斯自由能（ΔG_{aq}），基态分子的氧化还原电势（$E^{\ominus}$），
驱动力（D）和光捕获效率（LHE）的理论计算值

配合物编号	ΔG_{aq}/AU	$E^{\ominus}$ (vs. SCE)/eV	D	LHE
7-1	0.1975	1.1838	0.9462	0.9048
a′1	0.1964	1.1536	0.9864	0.8358
a′2	0.1978	1.1923	0.9777	0.8194
a′3	0.1878	0.9194	1.1406	0.8874
a′4	0.1983	1.2046	0.9454	0.6176
a′5	0.1958	1.1363	1.0337	0.4987
a′6	0.2001	1.2537	0.9563	0.7474
b′1	0.1967	1.1621	0.9679	0.9058
b′2	0.1947	1.1058	1.0342	0.8138
b′3	0.1963	1.1493	0.9807	0.8959
b′4	0.2015	1.2930	0.9470	0.7659
b′5	0.1985	1.2098	1.0102	0.7563
b′6	0.1974	1.1796	1.0304	0.8933
c′1	0.1939	1.0856	1.0444	0.8977
c′2	0.1773	0.6340	1.3059	0.6927
c′3	0.1888	0.9467	0.9933	0.8979
c′4	0.2012	1.2838	0.7762	0.6598
c′5	0.2022	1.3099	0.7600	0.8814
c′6	0.2051	1.3889	0.5511	0.8035
d′1	0.1925	1.0469	1.0931	0.7930
d′2	0.1922	1.0401	1.1899	0.7959
d′3	0.1971	1.1724	1.2176	0.7021
d′4	0.1999	1.2496	0.9004	0.7277
d′5	0.2007	1.2707	0.8692	0.7603
d′6	0.2050	1.3870	0.7030	0.2648

7.4　小结

基于母体铼（Ⅰ）三羰基二亚胺配合物 7-1，通过在不同的辅助配体上添加不同的供电子基团（—CH$_3$、—NH$_2$、—OH）和吸电子基团（—Br、—Cl、—NO$_2$），设计了一系列配合物并对其进行了理论计算，着重讨论了配合物的几何结构、电子结构、前线分子轨道和吸收光谱性质。此外，考虑到染料和 TiO$_2$ 半导体之间

的界面电荷转移特性，用理论计算的方法研究了若干典型染料与 TiO_2(101)表面模型的相关特性。

　　根据计算结果可知，所有设计染料有相似的几何结构，但电子结构有所区别。辅助配体上添加不同的官能团对 LUMO 能级的影响要大于对 HOMO 能级的影响。另外，在二亚胺配体上取代时，配合物 a′3 发生红移，配合物 b′1~配合物 b′3 与母体配合物 7-1 基本相等；在炔基上的苯基配体上取代时，配合物 c′1~配合物 c′6 发生红移，配合物 d′1~配合物 d′6 发生蓝移。结合 ΔG_{aq}、$E^{\ominus}$、D 和 LHE 的计算值，得出配合物 7-1，配合物 a′3，配合物 b′1，配合物 b′3，配合物 c′1 和配合物 c′3 可作为 DSSC 合适的敏化剂。

　　典型染料/TiO_2(101)结合体系的性质揭示了这些染料可实现从染料到 TiO_2 表面超快的电子注入。研究结果表明，染料/TiO_2(101)结合体系与孤立染料的吸收特性基本相同，但其 HOMO-LUMO 能级差比孤立染料更小，波长红移得也更明显。

　　总之，理论计算表明，与其他设计的染料分子相比，配合物 7-1、配合物 a′3、配合物 b′1、配合物 b′3、配合物 c′1 和配合物 c′3 可作为更有前途的染料敏化剂，以实现更好的光捕获效率和界面电荷转移特性。在本章中，主要提供了关于 Re(Ⅰ)配合物借助辅助配体来修饰结构，进而影响配合物性质的理论观点，为染料敏化太阳能电池设计出更好的染料敏化剂提供了有价值的信息。

参 考 文 献

[1] GALAPPATHTHI K, EKANAYAKE P, PETRA M I. A rational design of high efficient and low-cost dye sensitizer with exceptional absorptions: Computational study of cyanidin based organic sensitizer [J]. Sol. Energy, 2018, 161: 83~89.

[2] URBANI M, RAGOUSSI M E, NAZEERUDDIN M K, et al. Phthalocyanines for dye-sensitized solar cells [J]. Coord. Chem. Rev. , 2019, 381: 1~64.

[3] BAVARIAN M, NEJATI S, LAU K K S, et al. Theoretical and experimental study of a dye-sensitized solar cell [J]. Ind. Eng. Chem. Res. , 2014, 53: 5234~5247.

[4] FU H. Review of lead-free halide perovskites as light-absorbers for photovoltaic applications: From materials to solar cells [J]. Sol. Energ. Mat. Sol. C. , 2019, 193: 107~132.

[5] LAM S T, KWOK C H, KO C C, et al. Synthesis and characterization of alkynylrhenium(Ⅰ) tricarbonyl diimine complexes with fused thiophene and cyanoacrylic acid moiety [J]. Polyhedron, 2016, 116: 144~152.

[6] FUJISAWA J, HANAYA M. Light harvesting and direct electron injection by interfacial charge-transfer transitions between TiO_2 and carboxy-anchor dye LEG4 in dye-sensitized solar cells [J].

J. Phys. Chem. C. , 2017, 122: 8~15.

[7] ZHANG T T, HAN H L, WU H S. The effect of group-substitution on the sensitization properties of alkynylrhenium(I) tricarbonyl diimine complexes adsorbed to TiO₂(101) film surface: a theoretical study [J]. J. Mol. Model. , 2020, 26: 34.

[8] FUMANAL M, GINDENSPERGER E, DANIEL C. Ligand substitution and conformational effects on the ultrafast luminescent decay of $[Re(CO)_3(phen)(L)]^+$(L=imidazole, pyridine): non-adiabatic quantum dynamics [J]. Phys. Chem. Chem. Phys. , 2018, 20: 1134~1141.

[9] LAM S T, ZHU N, AU V K M, et al. Synthesis, characterization, electrochemistry and photophysical studies of rhenium (I) tricarbonyl diimine complexes with carboxaldehyde alkynyl ligands [J]. Polyhedron, 2015, 86: 10~16.

[10] LI W, REGO L G, BAI F Q, et al. What makes hydroxamate a promising anchoring group in dye-sensitized solar cells? Insights from theoretical investigation [J]. J. Phys. Chem. Lett. , 2014, 5: 3992~4001.

[11] WENG Y X, LI L, LIU Y, et al. Surface-binding forms of carboxylic groups on nanoparticulate TiO₂ surface studied by the interface-sensitive transient triplet-state molecular probe [J]. J. Phy. Chem. B, 2003, 107: 4356~4363.

[12] XIE M, CHEN J, WANG J, et al. Exploring the sensitization properties of thienyl-functionalized tripyrrole Ru (II) complexes on TiO₂ (101) surface: A theoretical study [J]. Theor. Chem. Acc. , 2015, 134: 1~14.

[13] YOGANARASIMHAN S R, RAO C N R. Crystallographic data 196. titanium dioxide (brookite), TiO₂ [J]. Anal. Chem. , 1961, 33: 155.

[14] CHEN J, BAI F Q, WANG J, et al. Theoretical studies on spectroscopic properties of ruthenium sensitizers absorbed to TiO₂ film surface with connection mode for DSSC [J]. Dyes Pigments, 2012, 94: 459~468.

[15] SRINIVAS K, YESUDAS K, BHANUPRAKASH K, et al. A Combined experimental and computational investigation of anthracene based sensitizers for DSSC: comparison of cyanoacrylic and malonic acid electron withdrawing groups binding onto the TiO₂ anatase (101) surface [J]. J. Phys. Chem. C, 2017, 113: 20117~20126.

[16] MA R, GUO P, GUI H, et al. Substituent effect on the meso-substituted porphyrins: theoretical screening of sensitizer candidates for dye-sensitized solar cells [J]. J. Phys. Chem. A, 2009, 113: 10119~10124.

[17] ZHONG H, GAO Y Y, ZHOU R L, et al. Research on the photoelectric conversion efficiency of grating antireflective layer solar cells [J]. Adv. Mater. Res. , 2011, 216: 355~359.

[18] LIU P, FU J J, GUO M S, et al. Effect of the chemical modifications of thiophene-based N₃ dyes on the performance of dye-sensitized solar cells: A density functional theory study [J]. Comput. Theor. Chem. , 2013, 1015: 8~14.

8 总结和展望

8.1 总结

本书中考查了几类铼(Ⅰ)配合物的光谱性质,利用量子化学计算方法,从分子的微观电子结构出发,考虑溶剂化作用,深入剖析分子的基态、激发态、吸收与发射光谱的性质,从本质上揭示了几何结构与光电性质的关系,预测了材料性质,希望能够对性能更好的新材料的设计、合成及其应用提供新方法与新思路。主要结论如下:

(1) 不同配体对铼配合物 $ReX(CO)_3(N^\wedge N)$ 光谱性质的影响。研究结果表明:一方面,配合物双齿配体 $N^\wedge N$ 上的供电子基增加了 LUMO 轨道的能量,导致 HOMO-LUMO 能隙的增加,从而吸收光谱发生蓝移;吸电子基的影响与之相反。另一方面,具有较强供电能力的 X 配体明显增加了 HOMO 轨道的能量,最终导致 HOMO-LUMO 能隙的减小;吸收能增加的顺序与 X 配体的吸电子能力增强的顺序是一致的。另外,随着溶剂极性的减小,吸收和发射光谱均发生红移。

(2) 含邻菲罗啉配体铼(Ⅰ)三羰基配合物的发光性能。结果表明,配体上引入不同的基团对 LUMO 能级的影响较明显,如—C≡C 的引入使得 LUMO 能级降低,能级差缩小,导致配合物的最低能量吸收峰发生红移,而—CH₃、—OCH₃ 的引入导致吸收峰蓝移,而且基团引入到 R_2 位置时产生的影响比 R_1 位置的大。配合物 3-4 的空穴和电子重组能的差值最小,进而提高了 OLED 设备的性能,可能更适合做有机发光二极管的发光源。

(3) 含吡啶四唑配体的 Re(Ⅰ)三羰基配合物的发光性能及磷光量子产率。计算结果表明,配体上引入吸电子基团会使 LUMO 的能级减小,导致能级差变小,从而引起最低吸收和发射光谱红移。相反,引入给电子基团会引起相应光谱蓝移,且引入基团的给电子能力越强,配合物最低能量吸收和发射光谱蓝移越明显。随着溶剂极性的减小,此类配合物的光谱发生红移。配合物 4-4 的电荷传输平衡能力最强,而且磷光量子产率可能也较高,在所研究的配合物中最有可能成为有效的 OLED 的磷光材料。

(4) 以 Re(Ⅰ)为核心的染料分子的电子结构和光谱性质及在 DSSC 中的潜在应用价值评估。计算结果表明,前线分子轨道的性质受羧基数目和位置的影响。

尤其是 LUMO 的分布主要是在链接有羧基单元的配体上，并且配合物 5-2 和配合物 5-4 与其母体比较，LUMO 的能量明显降低从而减小了 HOMO−LUMO 的能隙。另一方面，新设计的 bpy 和 dt(TTF)配体上均携带有羧基的配合物 5-2 和配合物 5-4 具有更好的激发态，在 DSSC 中的应用前景要好于母体配合物 5-1 和配合物 5-3。希望以上的结果和讨论能为染料分子的设计和性能评估提供一些有用的参考。

（5）羧基在邻菲罗啉配体上连接数目和位置的不同对三羰基铼（Ⅰ）配合物 Re(CO)₃Cl(phen)光吸收能力的影响。研究表明，连在 phen 配体上的—COOH 的数目和位置的不同对 LUMO 轨道影响较 HOMO 轨道大，能级差的改变导致染料敏化分子的吸光能力和电子传输能力发生相应的变化，进而影响 DSSC 的工作效率。另外，连接在 phen 配体上的官能团的吸电子能力增强，LUMO 轨道的能级较 HOMO 轨道的能级有明显的下降，进而导致 HOMO−LUMO 间的能级差减小，光吸收能力增强，并结合其他敏化性能参数的比较评估，新设计染料分子 D5 比其他染料分子更适合做染料敏化剂。

（6）铼（Ⅰ）三羰基二亚胺配合物中配体上不同的官能团对光谱性质的影响。对其在 DSSC 中的光电转换性能模拟计算，结果发现，配合物 7-1、配合物 a′3、配合物 b′1、配合物 b′3、配合物 c′1 和配合物 c′3 作为孤立染料的性能优越，与 TiO₂(101)表面结合之后，电子能注入 TiO₂ 导带，可作为染料敏化剂材料应用到 DSSCs 中。

8.2　展望

基于过渡金属发光材料的 OLED 器件与已经发展了半个多世纪的无机半导体材料相比，还处于继续发展和不断完善的阶段。虽说过去短短的二十多年，有机电子学的发展速度与规模十分惊人，但是也应该注意到，这些材料在某些方面与无机材料相比还存在着一些差距，比如材料的稳定性问题、易老化的问题、以及安全问题等。另外，虽然说过渡金属发光材料的效率在不断提高，但是其载流子迁移率远低于无机材料，因而其应用的范围还受到一些限制。不过有机电子材料仍然有它自己的优势，如便于合成原料和制备器件，以及品种多样化等，因而表现出价格低廉和允许废弃等特色，特别它可实现大面积和连续的生产，使之更有利于用在太阳能的光电转换上。

本书对不同材料的研究是基于实验方面的研究成果。同理，理论研究结果也会给从事实验合成的工作者提供进一步的启发，进而设计合成出新的发光材料和能够作为染料太阳能电池的染料分子。目前，仍有一些问题需要进一步研究和讨论，如在新材料的计算过程中是否有更精确的模型与实际更接近，以有利于更加准确地预测新材料的性能。作者将会在以后的研究中加深这方面的工作。

总之，铼配合物在发光材料和太阳能电池的应用方面有独特的优点，虽然目前还存在一些问题，但是相信在不久的将来，它们会得到广泛的应用。

附 表

附表 1 配合物 2-1 在甲醇溶液中的分子轨道成分及能量

轨道	能量/eV	分子轨道分布/%				主要键型	Re 原子轨道成分
		Re	CO	DHG	Cl		
59a″	−1.1451		84.6	5.9		$\pi^*(CO)$	
57a″	−2.1298	15.8	17.0	53.7	1.1	$\pi^*(CO)+\pi^*(DHG)$	$7.4d_{yz}$
56a′	−3.9331	4.3	7.1	78.3	3.3	$\pi^*(DHG)$	$1.7d_{xy}$
HOMO−LUMO 能隙							
55a″	−6.7048	35.3	16.5	2.2	39.0	$d(Re)+p(Cl)+\pi(CO)$	$29.2d_{xz}$
54a′	−6.8190	26.8	6.7		46.1	$d(Re)+p(Cl)$	d_{xy}
53a′	−7.7003	64.0	29.4			$d(Re)+\pi(CO)$	$48.2d_{z^2}+13.2d_{xz}$
51a′	−8.0920	39.1	14.1	10.0	28.5	$d(Re)+p(Cl)+\pi(CO)$	$1.4d_{x^2-y^2}+37.8d_{xy}$

附表 2 配合物 2-2 在甲醇溶液中的分子轨道成分及能量

轨道	能量/eV	分子轨道分布/%				主要键型	Re 原子轨道成分
		Re	CO	DMG	Cl		
67a	−0.8949		84.8	2.2		$\pi^*(CO)$	
65a	−1.9013	16.4	48.8	20.3	1.1	$\pi^*(CO)+\pi^*(DMG)$	$7.9d_{xy}$
64a	−3.4354	2.3	6.6	77.3	3.1	$\pi^*(DMG)$	
HOMO−LUMO 能隙							
63a	−6.4681	35.7	16.8		37.5	$d(Re)+p(Cl)+\pi(CO)$	$30.3d_{yz}$
62a	−6.5742	29.9	9.5	1.0	43.4	$d(Re)+p(Cl)$	$29.9d_{xz}$
61a	−7.4256	62.7	29.7	2.1		$d(Re)+\pi(CO)$	$59.8d_{x^2-y^2}$
59a	−7.7438	35.7	13.0	10.7	30.3	$d(Re)+p(Cl)+\pi(CO)$	$1.1d_{z^2}+34.5d_{xz}$

附表 3 配合物 2-3 在甲醇溶液中的分子轨道成分及能量

轨道	能量/eV	分子轨道分布/%				主要键型	Re 原子轨道成分
		Re	CO	CHDG	Cl		
74a	−0.8432		75.2			$\pi^*(\text{CO})$	
72a	−1.8496	17.3	50.8	19.3		$\pi^*(\text{CO})+\pi^*(\text{CHDG})$	$7.8d_{xy}$
71a	−3.3946		5.3	76.4		$\pi^*(\text{CHDG})$	
HOMO−LUMO 能隙							
70a	−6.4192	35.5	16.9		36.8	$d(\text{Re})+p(\text{Cl})+\pi(\text{CO})$	$30.2d_{yz}$
69a	−6.5280	31.1	8.6		42.6	$d(\text{Re})+p(\text{Cl})$	$1.05d_{z^2}+23.2d_{xz}$
68a	−7.3712	62.5	29.5			$d(\text{Re})+\pi(\text{CO})$	$59.6d_{x^2-y^2}$
66a	−7.6813	34.7	12.7	10.5	30.6	$d(\text{Re})+p(\text{Cl})+\pi(\text{CO})$	$1.2d_{z^2}+33.5d_{xz}$

附表 4 配合物 2-4 在甲醇溶液中的分子轨道成分及能量

轨道	能量/eV	分子轨道分布/%				主要键型	Re 原子轨道成分
		Re	CO	DBG	Cl		
63a	−2.5242	2.6		88.1		$\pi^*(\text{DBG})$	
62a	−4.0555	3.4	4.2	80.3	1.9	$\pi^*(\text{DBG})$	$1.5d_{xz}$
HOMO−LUMO 能隙							
61a	−6.8245	35.3	16.0		39.5	$d(\text{Re})+p(\text{Cl})+\pi(\text{CO})$	$29.4d_{yz}$
60a	−6.9224	29.0	6.9		44.9	$d(\text{Re})+p(\text{Cl})$	$22.2d_{xz}$
59a	−7.8554	63.0	29.0	2.2		$d(\text{Re})+\pi(\text{CO})$	$60.1d_{x^2-y^2}$
57a	−8.0893	29.9	11.0	23.4	17.4	$d(\text{Re})+p(\text{Cl})+\pi(\text{DBG})$	$29.9d_{xz}$

附表 5 配合物 2-5 在甲醇溶液中的分子轨道成分及能量

轨道	能量/eV	分子轨道分布/%				主要键型	Re 原子轨道成分
		Re	CO	DMFG	Cl		
87a	−2.2766	14.1	34.9	24.6		$\pi^*(\text{CO})+\pi^*(\text{DMFG})$	$6.7d_{xy}$
86a	−4.1235			71.1		$\pi^*(\text{DMFG})$	$3.3d_{xz}$
HOMO−LUMO 能隙							
85a	−6.7456	33.0	15.2		38.0	$d(\text{Re})+p(\text{Cl})+\pi(\text{CO})$	$2.0d_{z^2}+25.2d_{yz}$
84a	−6.8490	26.9	7.1		46.4	$d(\text{Re})+p(\text{Cl})$	$20.0d_{xz}$
83a	−7.7683	60.2	27.6			$d(\text{Re})+\pi(\text{CO})$	$57.4d_{x^2-y^2}$
81a	−8.1110	31.8	11.6	15.4	26.1	$d(\text{Re})+p(\text{Cl})+\pi(\text{DMFG})$	$31.8d_{xz}$

附表 6　采用不同方法计算得到的配合物 2-1 基态的主要几何参数以及实验晶体结构参数

键　参　数		PBE1PBE	B3LYP	B3P86	BPBE	BPW91	实验值
键长 /Å	Re—C(1)	1.926	1.937	1.927	1.932	1.933	1.922
	Re—C(2)	1.919	1.931	1.920	1.925	1.926	1.939
	Re—C(3)	1.914	1.926	1.915	1.923	1.924	1.913
	Re—N(1)	2.185	2.219	2.187	2.202	2.205	2.183
	Re—N(2)	2.142	2.168	2.141	2.146	2.149	2.154
	Re—Cl	2.475	2.511	2.478	2.492	2.495	2.481
键角 /(°)	N(1)—Re—N(2)	73.9	73.4	73.9	73.9	73.8	74.0
	N(1)—Re—Cl	83.1	83.3	83.2	83.8	83.8	82.0

附表 7　采用不同方法计算得到的配合物 2-1 的最低激发能　（nm(eV)）

PBE1PBE	B3LYP	B3P86	BPBE	BPW91	实验值
382 (3.25)	399 (3.10)	397 (3.12)	477 (2.60)	477 (2.60)	377 (3.29)

附表 8　采用不同基组计算得到的配合物 2-1 基态的主要几何参数以及实验晶体结构参数

键参数		Lanl2dz/6−31G (d)	Lanl2dz/6−311G (d)	Lanl2dz/6−311+G (d)	实验值
键长 /Å	Re—C(1)	1.926	1.925	1.926	1.922
	Re—C(2)	1.919	1.919	1.920	1.939
	Re—C(3)	1.914	1.911	1.913	1.913
	Re—N(1)	2.185	2.187	2.191	2.183
	Re—N(2)	2.142	2.145	2.151	2.154
	Re—Cl	2.475	2.481	2.468	2.481
键角 /(°)	N(1)—Re—N(2)	73.9	73.9	73.9	74.0
	N(1)—Re—Cl	83.1	83.1	83.1	82.0

附表 9　采用不同基组计算得到的配合物 2-1 的最低激发能　（eV）

Lanl2dz/6−31G (d)	Lanl2dz/6−311G (d)	Lanl2dz/6−311+G (d)
382	384	388

附表 10　配合物 2-6 在甲醇溶液中的前线分子轨道成分

轨道	能量/eV	分子轨道分布/%				主要键型	Re 原子轨道成分
		Re	N^N	CO	Cl		
72	-0.8742	23.1	24.7	47.5		$p(Re)+\pi^*(CO)+\pi^*(N^N)$	
71	-1.1617		95.2			$\pi^*(N^N)$	
70	-2.4630		80.7			$\pi^*(N^N)$	
HOMO-LUMO 能隙							
69	-6.5419	48.3		21.0	23.4	$d(Re)+p(Cl)+\pi(CO)$	$12.6d_{xz}+30.9d_{yz}$
68	-6.6460	47.1		18.1	25.1	$d(Re)+p(Cl)+\pi(CO)$	$31.2d_{xz}+10.0d_{yz}$
67	-7.2083	67.9		27.4		$d(Re)+\pi(CO)$	$11.7d_{x^2-y^2}+53.4d_{xy}$
66	-7.5420			76.0	21.7	$\pi(CO)+p(Cl)$	
65	-8.0830		18.2		64.0	$\pi(N^N)+p(Cl)$	
63	-8.8718	12.1		19.9	57.1	$\pi(CO)+p(Cl)$	$6.69d_{z^2}$

附表 11　配合物 2-7 在甲醇溶液中的前线分子轨道成分

轨道	能量/eV	分子轨道分布/%				主要键型	Re 原子轨道成分
		Re	N^N	CO	C≡N		
71	-0.4798	20.7	26.1	36.5		$p(Re)+\pi^*(N^N)+\pi^*(CO)$	
70	-1.0807	24.1	28.3	42.9		$p(Re)+\pi^*(N^N)+\pi^*(CO)$	
69	-1.1892		89.2			$\pi^*(N^N)$	
68	-2.4333		82.4			$\pi^*(N^N)$	
HOMO-LUMO 能隙							
67	-6.7211	56.2	12.5	21.5	8.2	$d(Re)+\pi(N^N)+\pi(CO)$	$9.0d_{xz}+45.1d_{yz}$
66	-6.8209	57.1	11.2	20.4	9.2	$d(Re)+\pi(N^N)+\pi(CO)$	$46.4d_{xz}+6.1d_{yz}$
65	-7.1846	67.9		27.3		$d(Re)+\pi(CO)$	$11.8d_{x^2-y^2}+53.1d_{xy}$
60	-9.2752		54.2		16.5	$\pi(N^N)+\pi(CN)$	
58	-9.8178		72.2	11.8		$\pi(N^N)+\pi(CO)$	

附表 12　配合物 2-8 在甲醇溶液中的前线分子轨道成分

轨道	能量/eV	分子轨道分布/%				主要键型	Re 原子轨道成分
		Re	N^N	CO	C≡C		
71	-0.2100	18.5	10.8	59.8		$p(Re)+\pi^*(N^N)+\pi^*(CO)$	
70	-0.8364	22.8	23.5	49.0		$p(Re)+\pi^*(N^N)+\pi^*(CO)$	

轨道	能量/eV	分子轨道分布/%				主要键型	Re 原子轨道成分
		Re	N^N	CO	C≡C		
69	−1.0684		94.6			π^*(N^N)	
68	−2.2742		82.3			π^*(N^N)	
HOMO−LUMO 能隙							
67	−6.0346	43.7		20.1	30.7	d(Re)+π(CO)+π(C≡C)	12.8d_{xz}+26.9d_{yz}
66	−6.1094	41.2		16.2	33.6	d(Re)+π(CO)+π(C≡C)	17.4d_{xz}+11.3d_{yz}
65	−6.9580	67.1		28.0		d(Re)+π(CO)	11.8$d_{x^2-y^2}$+52.5d_{xy}
64	−7.2289		63.7		23.0	π(N^N)+π(C≡C)	
63	−7.4664	29.8	23.5	49.0		d(Re)+π(CO)+π(C≡C)	
62	−7.8910	25.0	46.6		16.4	d(Re)+π(N^N)+π(C≡C)	22.4d_{yz}

附表 13　不同方法计算得到配合物 3-1 基态的部分结构参数和相应的实验值

键参数		实验值[1]	PBE1PBE	B3LYP	B3P86	BPBE	BPW91
键长/Å	Re—Br	2.586	2.622	2.665	2.627	2.644	2.648
	Re—N(1)	2.176	2.181	2.211	2.182	2.193	2.196
	Re—N(2)	2.174	2.175	2.204	2.177	2.187	2.191
	Re—C(30)	1.926	1.916	1.927	1.917	1.922	1.923
	C(30)—O(1)	1.134	1.157	1.161	1.159	1.174	1.174
	C(31)—O(2)	1.088	1.157	1.161	1.159	1.174	1.174
	C(32)—O(3)	1.112	1.162	1.165	1.167	1.178	1.178
键角/(°)	C(30)—Re—C(31)	87.77	90.00	90.50	90.20	90.15	90.20
	N(1)—Re—N(2)	75.67	75.15	74.69	75.17	75.16	75.09
	C(30)—Re—C(32)	91.30	91.60	91.93	91.72	91.65	91.65
	N(1)—Re—C(30)	173.99	170.86	170.50	170.83	170.95	170.90
	C(31)—Re—Br	95.57	90.64	90.45	90.58	90.26	90.28
	C(32)—Re—Br	173.32	176.55	176.40	176.55	177.10	177.03

①数据来源于第 3 章参考文献 [10]。

附表 14　不同方法计算得到配合物 3-1 在氯仿溶液中的最低能量吸收峰值和相应的实验值

(nm)

实验值[1]	PBE1PBE	B3LYP	B3P86	BPBE	BPW91
410	428	453	453	592	593

①数据来源于第 3 章参考文献 [10]。

附表 15　不同的基组计算得到配合物 3-1 基态的部分结构参数相应的实验数据

键参数		实验值[①]	LANL2DZ/6-31G (d)	LANL2DZ/6-31G (d, p)	LANL2DZ/6-311G (d)	LANL2DZ/6-311+G (d)
键长/Å	Re—Br	2.586	2.622	2.622	2.630	2.624
	Re—N(1)	2.176	2.181	2.180	2.182	2.186
	Re—N(2)	2.174	2.175	2.175	2.177	2.182
	Re—C(30)	1.926	1.916	1.917	1.917	1.918
	C(30)—O(1)	1.134	1.157	1.157	1.149	1.150
	C(31)—O(2)	1.088	1.157	1.157	1.150	1.150
	C(32)—O(3)	1.112	1.162	1.162	1.154	1.155
键角/(°)	C(30)—Re—C(31)	87.77	90.00	90.07	89.42	89.02
	N(1)—Re—N(2)	75.67	75.15	75.16	74.93	74.82
	C(30)—Re—C(32)	91.30	91.60	91.67	91.13	90.70
	N(1)—Re—C(30)	173.99	170.86	170.85	171.22	171.65
	C(31)—Re—Br	95.57	90.64	90.62	90.73	91.26
	C(32)—Re—Br	173.32	176.55	176.56	177.22	177.06

①数据来源于第 3 章参考文献 [10]。

附表 16　配合物 3-1 的 FMOs 成分、能级和主要键型

轨道	能级/eV	分子轨道分布/%					主要键型
		Re	Br	CO	phen	Imid	
168	-0.62	0.62	0.38	0.69	8.86	85.55	π^*(Imid)
167	-0.79	0.21			4.70	91.30	π^*(Imid)
166	-1.31	0.65	0.46	0.68	46.57	47.73	π^*(phen)+π^*(Imid)
165	-1.91				71.73	23.54	π^*(phen)+π^*(Imid)
164	-2.31	4.39	2.84	4.08	84.87	0.98	π^*(pohen)
HOMO-LUMO 能隙 (3.84eV)							
163	-6.14	32.12	34.46	14.46	6.84	8.57	d(Re)+p(Br)+π(CO)
162	-6.15	32.85	35.68	14.76	5.87	6.96	d(Re)+p(Br)+π(CO)
161	-6.37	11.05	19.40	4.38	11.93	48.62	d(Re)+p(Br)+π(Imid)
160	-6.87	67.61	0.24	28.22	1.53		d(Re)+π(CO)
159	-7.23	1.90	7.13	0.95	23.75	60.84	π(phen)+π(Imid)
157	-7.33	13.60	34.95	6.07	21.73	20.11	d(Re)+p(Br)+π(phen)+π(Imid)

附表 17　配合物 3-2 的 FMOs 成分、能级和主要键型

轨道	能级/eV	分子轨道分布/%					主要键型
		Re	Br	CO	phen	Imid	
158	-0.72	2.96	2.29	4.12	50.67	35.32	π^*(phen)+π^*(Imid)
157	-0.85				2.90	93.61	π^*(Imid)
156	-1.62	0.22	0.14	0.53	42.05	53.84	π^*(phen)+π^*(Imid)
155	-2.00			0.10	58.67	36.37	π^*(phen)+π^*(Imid)
154	-2.34	4.30	2.78	3.91	84.43	1.16	π^*(phen)
HOMO-LUMO 能隙（3.82eV）							
153	-6.16	37.07	39.94	17.14	2.02	0.11	d(Re)+p(Br)+π(CO)
152	-6.18	29.43	32.61	12.39	8.98	12.48	d(Re)+p(Br)+π(CO)
151	-6.40	8.89	16.51	3.57	11.87	55.36	p(Br)+π(phen)+π(Imid)
150	-6.88	67.56	0.26	28.20	1.42		d(Re)+π(CO)
149	-7.24	6.11	25.66	4.26	22.91	37.05	p(Br)+π(phen)+π(Imid)
148	-7.33	9.00	29.33	5.05	31.11	18.90	p(Br)+π(phen)+π(Imid)
146	-7.51	20.36	28.43	8.58	8.58	29.82	d(Re)+p(Br)+π(Imid)

附表 18　配合物 3-3 的 FMOs 成分、能级和主要键型

轨道	能级/eV	分子轨道分布/%					主要键型
		Re	Br	CO	phen	Imid	
173	-0.83	0.18			9.30	86.85	π^*(Imid)
172	-1.43	1.31	0.86	1.22	53.29	38.86	π^*(phen)+π^*(Imid)
171	-1.98	0.11		0.10	73.56	20.73	π^*(phen)+π^*(Imid)
170	-2.54	3.46	2.23	3.00	86.67	1.43	π^*(phen)
HOMO-LUMO 能隙（3.65eV）							
169	-6.18	36.84	39.98	16.90	2.38	0.15	d(Re)+p(Br)+π(CO)
168	-6.19	27.84	31.03	11.61	9.73	15.35	d(Re)+p(Br)+π(CO)+π(Imid)
167	-6.40	10.66	18.83	4.22	12.21	49.52	d(Re)+p(Br)+π(phen)+π(Imid)
166	-6.91	67.48	0.25	28.04	1.34		d(Re)+π(CO)
165	-7.13	1.22	6.47	0.28	72.94	15.42	π(phen)+π(Imid)
164	-7.30	0.76	3.09	0.11	4.43	86.12	π(Imid)
162	-7.43	18.18	39.63	7.7	9.83	19.23	d(Re)+p(Br)+π(Imid)

附表 19　配合物 3-4 的 FMOs 成分、能级和主要键型

轨道	能级/eV	分子轨道分布/%					主要键型
		Re	Br	CO	phen	Imid	
180	-0.75	4.10	3.03	5.56	27.01	55.42	π^*(phen)+π^*(Imid)
179	-0.89	0.49			38.03	56.86	π^*(phen)+π^*(Imid)
178	-1.50	1.88	1.26	1.61	58.63	32.52	π^*(phen)+π^*(Imid)
177	-2.07	0.10		0.20	73.80	21.68	π^*(phen)+π^*(Imid)
176	-2.74	2.88	1.84	2.54	87.93	1.73	π^*(phen)
HOMO-LUMO 能隙（3.47eV）							
175	-6.21	36.79	40.69	16.90	1.53		d(Re)+p(Br)+π(CO)
174	-6.23	28.40	33.10	11.71	8.85	13.17	d(Re)+p(Br)+π(CO)+π(Imid)
173	-6.44	8.96	16.18	3.58	15.29	51.74	p(Br)+π(phen)+π(Imid)
172	-6.95	67.41	0.26	27.85	1.33		d(Re)+π(CO)
171	-7.02	0.51	3.30		82.82	8.74	π(phen)
168	-7.47	17.52	37.35	7.37	8.05	24.95	d(Re)+p(Br)+π(Imid)

附表 20　配合物 3-5 的 FMOs 成分、能级和主要键型

轨道	能级/eV	分子轨道分布/%					主要键型
		Re	Br	CO	phen	Imid	
171	-0.78	0.23	0.10		4.42	91.16	π^*(Imid)
170	-1.31	0.76	0.48	0.69	47.69	46.16	π^*(phen)+π^*(Imid)
169	-1.89				71.88	23.12	π^*(phen)+π^*(Imid)
168	-2.25	4.28	2.90	4.00	83.97	1.83	π^*(phen)
HOMO-LUMO 能隙（3.90eV）							
167	-6.14	32.26	34.87	14.63	6.45	7.96	d(Re)+p(Br)+π(CO)
166	-6.15	32.20	35.03	14.54	6.35	8.18	d(Re)+p(Br)+π(CO)
165	-6.36	11.45	20.08	4.54	11.80	47.66	d(Re)+p(Br)+π(phen)+π(Imid)
164	-6.86	67.57	0.23	28.26	1.44		d(Re)+π(CO)
163	-7.17	1.61	7.14	0.63	48.58	37.34	π(phen)+π(Imid)
162	-7.29	7.86	22.79	3.77	16.32	44.56	p(Br)+π(phen)+π(Imid)

附表 21　配合物 3-6 的 FMOs 成分、能级和主要键型

轨道	能级/eV	分子轨道分布/%					主要键型
		Re	Br	CO	phen	Imid	
176	−0.62	0.68	0.37	0.69	9.49	84.44	π^*(Imid)
175	−0.79	0.25	0.11		4.67	90.78	π^*(Imid)
174	−1.31	0.81	0.48	0.70	48.88	45.12	π^*(phen)+π^*(Imid)
173	−1.89				72.33	23.02	π^*(phen)+π^*(Imid)
172	−2.19	4.16	2.98	4.03	84.83	0.96	π^*(phen)
HOMO−LUMO 能隙　（3.96eV）							
171	−6.14	31.67	34.09	14.37	7.16	9.05	d(Re)+p(Br)+π(CO)
170	−6.15	32.29	35.30	14.61	6.18	7.87	d(Re)+p(Br)+π(CO)
169	−6.35	12.01	20.68	4.77	11.48	46.60	d(Re)+p(Br)+π(phen)+π(Imid)
168	−6.87	67.56	0.12	28.27	1.23		d(Re)+π(CO)
167	−7.09	1.00	6.16	0.17	65.07	23.38	π(phen)+π(Imid)
166	−7.28	4.62	13.19	2.14	8.79	64.68	p(Br)+π(Imid)

附表 22　配合物 3-7 的 FMOs 成分、能级和主要键型

轨道	能级/eV	分子轨道分布/%					主要键型
		Re	Br	CO	phen	Imid	
175	−0.79	0.19			3.24	92.35	π^*(Imid)
174	−1.33	0.55	0.25	0.54	45.04	49.36	π^*(phen)+π^*(Imid)
173	−1.90	0.10			73.27	21.82	π^*(phen)+π^*(Imid)
172	−2.16	4.72	3.17	4.37	84.12	0.42	π^*(phen)
HOMO−LUMO 能隙　（3.98eV）							
171	−6.14	36.69	39.34	17.13	2.87	0.44	d(Re)+p(Br)+π(CO)
170	−6.15	28.05	31.16	11.84	9.64	14.96	d(Re)+p(Br)+π(CO)+π(Imid)
169	−6.35	10.72	18.56	4.25	12.99	48.77	d(Re)+p(Br)+π(phen)+π(Imid)
168	−6.86	64.85	0.31	27.00	4.01		d(Re)+π(CO)
167	−6.90	3.09	3.36	1.02	78.74	9.58	π(phen)
166	−7.28	1.15	4.32	0.31	2.50	86.32	π(Imid)
164	−7.38	20.66	45.92	8.82	10.03	10.39	d(Re)+p(Br)+π(phen)+π(Imid)

附表 23 不同的泛函计算的配合物 4-1 的主要基态结构参数与相应的实验值

键参数		实验值[①]	PBE1PBE	B3LYP	B3P86	BPW91
键长 /Å	Re—Br	2.629	2.622	2.664	2.627	2.627
	Re—C1	1.924	1.914	1.925	1.914	1.920
	Re—C2	1.915	1.918	1.930	1.919	1.923
	Re—C3	1.900	1.908	1.921	1.909	1.918
	Re—N1	2.140	2.158	2.186	2.158	2.169
	Re—N2	2.216	2.217	2.253	2.218	2.233
键角 /(°)	C2—Re—C3	89.38	91.44	91.73	91.48	91.43
	N1—Re—C3	97.86	94.42	93.93	94.30	94.21
	N2—Re—C3	95.00	94.28	93.87	94.23	94.02
	N2—Re—C2	170.23	170.69	170.47	170.67	170.60
	C2—Re—Br	92.41	91.15	91.00	91.10	90.84

①数据来源第 4 章参考文献 [16]。

附表 24 不同的泛函下计算的配合物 4-1 最低吸收、发射峰值与相应的实验值

(nm)

项目	实验值[①]	PBE1PBE	B3LYP	B3P86	BPW91
吸收峰	358	377/19	400/42	398/40	510/152
发射峰	568	588/20	611/43	609/41	750/182

①数据来源第 4 章参考文献 [16]。

附表 25 相同的 PBE1PBE 泛函，LANL2DZ/6-31G(d) 及其较大基组下计算得到的配合物 4-1 主要基态结构参数与相应的实验值

键参数		实验值[①]	6-31G(d)	6-31G(d, p)	6-31+G(d)	6-311G(d)
键长 /Å	Re—Br	2.629	2.622	2.622	2.623	2.631
	Re—C1	1.924	1.914	1.914	1.916	1.914
	Re—C2	1.915	1.918	1.918	1.919	1.918
	Re—C3	1.900	1.908	1.908	1.907	1.905
	Re—N1	2.140	2.158	2.158	2.161	2.160
	Re—N2	2.216	2.217	2.216	2.221	2.218
键角 /(°)	C2—Re—C3	89.38	91.44	91.44	91.11	90.95
	N1—Re—C3	97.86	94.42	94.44	94.44	94.79
	N2—Re—C3	95.00	94.28	94.29	94.17	94.45
	N2—Re—C2	170.23	170.69	170.69	170.94	170.91
	C2—Re—Br	92.41	91.15	91.16	91.61	91.20

①数据来源第 4 章参考文献 [16]。

附表 26　相同的 PBE1PBE 泛函，LANL2DZ/6-31G（d）及其较大基组下
计算得到的配合物 4-1 最低吸收、发射峰值与相应的实验值

项目	实验值[①]	6-31G(d)	6-31G(d, p)	6-31+G(d)	6-311G(d)
吸收峰/nm	358	377	378	372	378
发射峰/nm	568	588	589	579	590

①数据来源第 4 章参考文献 [16]。

附表 27　计算得到配合物 4-1 的主要 FMO 组成成分、能级以及主要键型

轨道	能量/eV	分子轨道分布/%				主要键型
		Re	Br	CO	N^N	
H-4	-8.00	12.46	53.41	10.24	11.38	p(Br)
H-3	-7.50	18.75	50.05	8.56	19.86	d(Re)+p(Br)+π(N^N)
H-1	-6.39	36.85	41.76	14.64	4.21	d(Re)+p(Br)+π(CO)
H	-6.30	38.16	40.19	17.36	1.15	d(Re)+p(Br)+π(CO)
HOMO-LUMO 能隙 (4.11eV)						
L	-2.19	3.67	2.61	3.67	87.33	π*(N^N)
L+1	-1.45	2.44	1.80	2.28	90.54	π*(N^N)

附表 28　计算得到配合物 4-2 的主要 FMO 组成成分、能级以及主要键型

轨道	能量/eV	分子轨道分布/%				主要键型
		Re	Br	CO	N^N	
H-5	-8.28	13.18	58.55	16.61	8.66	p(Br)+π(CO)
H-4	-7.70	24.70	52.71	10.82	9.37	d(Re)+p(Br)
H-1	-6.51	36.05	43.02	14.01	3.94	d(Re)+p(Br)+π(CO)
H	-6.42	37.62	41.13	16.82	0.90	d(Re)+p(Br)+π(CO)
HOMO-LUMO 能隙 (3.06eV)						
L	-3.36	2.46	1.21	1.74	92.00	π*(N^N)
L+1	-2.22	0.69	0.60	0.68	65.04	π*(N^N)

附表 29　计算得到配合物 4-3 的主要 FMO 组成成分、能级以及主要键型

轨道	能量/eV	分子轨道分布/%				主要键型
		Re	Br	CO	N^N	
H-4	-7.65	23.24	52.54	10.42	11.23	d(Re)+p(Br)
H-3	-7.62	20.91	51.08	9.42	15.82	d(Re)+p(Br)+π(N^N)

轨道	能量/eV	分子轨道分布/%				主要键型
		Re	Br	CO	N^N	
H-1	-6.49	36.27	42.76	14.06	4.12	d(Re)+p(Br)+π(CO)
H	-6.41	37.37	17.13	41.01	0.92	d(Re)+p(Br)+π(CO)
HOMO-LUMO 能隙（3.50eV）						
L	-2.91	3.64	2.10	3.38	88.33	π*(N^N)
L+1	-2.00	0.23			97.04	π*(N^N)

附表 30　计算得到配合物 4-4 的主要 FMO 组成成分、能级以及主要键型

轨道	能量/eV	分子轨道分布/%				主要键型
		Re	Br	CO	N^N	
H-3	-7.30	11.52	36.06	6.40	33.92	p(Br)+π(N^N)
H-1	-6.34	37.36	40.26	15.25	4.59	d(Re)+p(Br)+π(CO)
H	-6.25	38.51	17.67	38.47	1.80	d(Re)+p(Br)+π(CO)
HOMO-LUMO 能隙（4.28eV）						
L	-1.97	2.78	2.57	2.90	89.10	π*(N^N)
L+1	-1.38	3.81	3.18	4.29	85.76	π*(N^N)

附表 31　计算得到配合物 4-5 的主要 FMO 组成成分、能级以及主要键型

轨道	能量/eV	分子轨道分布/%				主要键型
		Re	Br	CO	N^N	
H-4	-7.48	18.52	49.84	8.66	20.07	d(Re)+p(Br)+π(N^N)
H-3	-7.46	19.69	52.77	9.20	15.70	d(Re)+p(Br)+π(N^N)
H-1	-6.36	37.08	41.22	14.93	4.34	d(Re)+p(Br)+π(CO)
H	-6.27	38.32	39.63	17.77	1.34	d(Re)+p(Br)+π(CO)
HOMO-LUMO 能隙（4.16eV）						
L	-2.11	3.49	2.51	3.54	87.50	π*(N^N)
L+1	-1.39	2.92	2.35	2.99	88.59	π*(N^N)

附表 32　配合物 5-2 在甲醇溶液中的吸收跃迁涉及的分子轨道成分

轨道	能级/eV	分子轨道分布/%					主要键型
		Re	Cl	CO	bpy	dt	
L+7	-0.5497	24.0	2.0	44.7	23.0	2.7	d(Re)+π*(CO)+π*(bpy)

续附表 32

轨道	能级/eV	分子轨道分布/%					主要键型
		Re	Cl	CO	bpy	dt	
L+6	−0.6868	7.2	3.7	10.4	4.7	68.3	$\pi^*(CO)+\pi^*(dt)$
L+5	−0.7295	6.8	3.2	9.9	16.6	48.0	$\pi^*(bpy)+\pi^*(dt)$
L+4	−0.9006	2.6		6.0	81.3	6.6	$\pi^*(bpy)$
L+3	−1.6723	2.5	1.0	1.6	54.1	35.4	$\pi^*(bpy)+\pi^*(dt)$
L+1	−2.5054				9.2	83.9	$\pi^*(bpy)+\pi^*(dt)$
L	−2.7061	3.0		2.3	58.4	31.2	$\pi^*(bpy)+\pi^*(dt)$
HOMO−LUMO 能隙							
H	−6.2549	10.2	4.0	3.0	8.8	69.0	$d(Re)+\pi(bpy)+\pi(dt)$
H−1	−6.5193	48.3	25.8	20.9	1.3		$d(Re)+\pi(Cl)+\pi(CO)$
H−2	−6.6327	42.0	21.9	18.5	4.3	8.3	$d(Re)+\pi(Cl)+\pi(CO)$

附表 33 配合物 5-3 在甲醇溶液中的吸收跃迁涉及的分子轨道成分

轨道	能级/eV	分子轨道分布/%					主要键型
		Re	Cl	CO	bpy	TTF	
L+7	−0.5628				1.4	91.5	$\pi^*(TTF)$
L+2	−1.4536				80.3	14.1	$\pi^*(bpy)+\pi^*(TTF)$
L+1	−2.2595					97.3	$\pi^*(TTF)$
L	−2.4145	4.5	2.4	4.1	80.2	5.3	$\pi^*(bpy)$
HOMO−LUMO 能隙							
H	−5.4395					96.3	$\pi(TTF)$
H−1	−6.3817	38.4	18.1	17.0	1.8	19.5	$d(Re)+\pi(Cl)+\pi(CO)+\pi(TTF)$
H−2	−6.4187	17.7	8.6	7.4	1.8	59.9	$d(Re)+\pi(TTF)$
H−3	−6.5024	38.6	21.1	15.5	3.9	16.2	$d(Re)+\pi(Cl)+\pi(CO)+\pi(TTF)$
H−5	−7.3766		1.6		29.4	66.2	$\pi(bpy)+\pi(TTF)$

附表 34 配合物 5-4 在甲醇溶液中的吸收跃迁涉及的分子轨道成分

轨道	能级/eV	分子轨道分布/%					主要键型
		Re	Cl	CO	bpy	TTF	
L+7	−0.5753	2.1		3.5	1.3	86.6	$\pi^*(TTF)$
L+3	−1.5341	1.1		1.2	78.8	14.2	$\pi^*(bpy)+\pi^*(TTF)$

轨道	能级/eV	分子轨道分布/%					主要键型
		Re	Cl	CO	bpy	TTF	
L+2	-1.9598				79.4	15.9	π^*(bpy)+π^*(TTF)
L+1	-2.2641				20.1	77.2	π^*(bpy)+π^*(TTF)
L	-2.8011	4.7	2.2	4.1	74.7	10.8	π^*(bpy)+π^*(TTF)
HOMO-LUMO 能隙							
H	-5.4463				1.0	95.9	π(TTF)
H-1	-6.4135	10.3	4.5	4.1	2.3	74.4	d(Re)+π(TTF)
H-2	-6.4676	40.4	21.0	17.6	1.8	14.7	d(Re)+π(Cl)+π(CO)+π(TTF)
H-3	-6.5669	43.9	25.0	17.6	4.6	4.5	d(Re)+π(Cl)+π(CO)

附表 35　　配合物 6-2 在二氯甲烷溶液中的前线分子轨道成分

轨道	能量/eV	分子轨道分布/%					主要键型
		Re	Cl	CO	TTF	phen	
L+2	-2.30				47.7	48.71	π^*(TTF)+π^*(phen)
L+1	-2.41				59.02	36.95	π^*(TTF)+π^*(phen)
L	-2.49	4.03	4.49	2.33	1.09	85.83	π^*(phen)
HOMO-LUMO 能隙=3.1046							
H	-5.59				87.83	9.1	π(TTF)
H-1	-6.40	47.99	25.94	21.72		2.01	d(Re)+π(Cl)+π(CO)
H-2	-6.48	45.37	25.63	18.26	0.71	5.86	d(Re)+π(Cl)+π(CO)
H-4	-7.15	1.95	3.47	0.33	52.12	37.28	π(TTF)+π(phen)
H-5	-7.62		3.79		31.01	62.24	π(TTF)+π(phen)

附表 36　　配合物 a1 在二氯甲烷溶液中的前线分子轨道成分

轨道	能量/eV	分子轨道分布/%					主要键型
		Re	Cl	CO	TTF	phen	
L+1	-2.49				10.47	84.55	π^*(phen)
L	-2.87	3.01	1.46	2.51	0.92	89.02	π^*(phen)
HOMO-LUMO 能隙=2.7730							
H	-5.65				88.04	8.67	π(TTF)
H-1	-6.46	47.74	26.2	21.4		2.11	d(Re)+π(Cl)+π(CO)
H-2	-6.54	45.16	26.79	17.98	0.62	5.71	d(Re)+π(Cl)+π(CO)

附表 37　配合物 a2 在二氯甲烷溶液中的前线分子轨道成分

轨道	能量 /eV	分子轨道分布/%					主要键型
		Re	Cl	CO	TTF	phen	
L+1	-2.54	2	1.06	1.74	6.09	83.96	π^*(phen)
L	-2.88	2.46	1.14	1.96	2.7	87.22	π^*(phen)
HOMO-LUMO 能隙=2.7459							
H	-5.62				87.89	7.95	π(TTF)
H-1	-6.44	47.79	26.03	21.03		2.22	d(Re)+π(Cl)+π(CO)
H-2	-6.52	44.86	26.62	17.83	0.54	6.01	d(Re)+π(Cl)+π(CO)

附表 38　配合物 a3 在二氯甲烷溶液中的前线分子轨道成分

轨道	能量 /eV	分子轨道分布/%					主要键型
		Re	Cl	CO	TTF	phen	
L+4	-1.34	0.14			57.18	36.61	π^*(TTF)+π^*(phen)
L+3	-1.38	0.27	0.12		50.85	43.28	π^*(TTF)+π^*(phen)
L+1	-2.52	2.04	0.98	1.79	8.17	81.03	π^*(phen)
L	-2.73	2.05	0.85	1.57	3.47	87.08	π^*(phen)
HOMO-LUMO 能隙=2.8859							
H	-5.62				87.35	8.98	π(TTF)
H-1	-6.34	49.83	23.53	20.15		2.92	d(Re)+π(Cl)+π(CO)
H-2	-6.49	45.14	26.07	18.59	0.75	5.87	d(Re)+π(Cl)+π(CO)

附表 39　配合物 b1 在二氯甲烷溶液中的前线分子轨道成分

轨道	能量 /eV	分子轨道分布/%					主要键型
		Re	Cl	CO	TTF	phen	
L+3	-1.58	4.32	2.68	4.2	1.97	83.49	π^*(phen)
L+1	-2.62				10.47	84.61	π^*(phen)
L	-3.18	2.39	1.19	2.03	1.03	90.68	π^*(phen)
HOMO-LUMO 能隙=2.4818							
H	-5.66				88.29	8.23	π(TTF)
H-1	-6.50	47.94	26.48	21.27		1.93	d(Re)+π(Cl)+π(CO)
H-2	-6.59	45.23	26.91	17.94	0.6	6.01	d(Re)+π(Cl)+π(CO)

附表 40　配合物 b2 在二氯甲烷溶液中的前线分子轨道成分

轨道	能量/eV	分子轨道分布/%					主要键型
		Re	Cl	CO	TTF	phen	
L+3	-1.69	1.69	1.28	1.84	2.05	88.63	π^*(phen)
L+1	-2.75			0.1	5.99	89.30	π^*(phen)
L	-2.98	3.06	1.56	2.51	0.84	88.53	π^*(phen)
HOMO-LUMO 能隙 = 2.6705							
H	-5.65				87.94	8.51	π(TTF)
H-1	-6.44	48.82	25.01	20.44		2.45	d(Re)+π(Cl)+π(CO)
H-2	-6.57	34.22	26.9	18.02	0.76	6.33	d(Re)+π(Cl)+π(CO)

附表 41　配合物 b3 在二氯甲烷溶液中的前线分子轨道成分

轨道	能量/eV	分子轨道分布/%					主要键型
		Re	Cl	CO	TTF	phen	
L+4	-1.23				80.84	14.39	π^*(TTF)+π^*(phen)
L+3	-1.71	2.22	0.99	1.69	5.12	85.38	π^*(phen)
L+1	-2.79	0.23		0.32	4.57	90.28	π^*(phen)
L	-3.07	3.21	1.5	2.57	1.07	87.26	π^*(Phen)
HOMO-LUMO 能隙 = 2.6109							
H	-5.68				88.21	7.66	π(TTF)
H-1	-6.50	47.72	26.17	20.91		2	d(Re)+π(Cl)+π(CO)
H-2	-6.59	44.98	27.1	18.08	0.4	6.01	d(Re)+π(Cl)+π(CO)

附表 42　配合物 b4 在二氯甲烷溶液中的前线分子轨道成分

轨道	能量/eV	分子轨道分布/%					主要键型
		Re	Cl	CO	TTF	phen	
L+3	-1.73	1.04	0.34		2.97	90.96	π^*(phen)
L+1	-2.75	4.14	2.07	3.44	0.67	85.03	π^*(phen)
L	-2.89				5.05	90.2	π^*(phen)
HOMO-LUMO 能隙 = 2.7434							
H	-5.64				87.8	8.55	π(TTF)
H-1	-6.32	51.19	23.37	20.32		2.11	d(Re)+π(Cl)+π(CO)
H-2	-6.50	44.77	24.87	18.23	1.18	7.11	d(Re)+π(Cl)+π(CO)

附表 43　配合物 b5 在二氯甲烷溶液中的前线分子轨道成分

轨道	能量 /eV	分子轨道分布/%					主要键型
		Re	Cl	CO	TTF	phen	
L+3	−1.67	0.24			19.46	75.38	π^*(TTF)+π^*(phen)
L+1	−2.88	3.05	1.18	2.44	3.56	84.83	π^*(phen)
L	−2.94	1.79	0.7	1.53	4.07	87.3	π^*(phen)
HOMO−LUMO 能隙 = 2.6329							
H	−5.57				86.82	9.9	π(TTF)
H−1	−6.49	47.76	26.33	20.82		2.29	d(Re)+π(Cl)+π(CO)
H−2	−6.57	44.9	27.14	17.56	0.44	5.99	d(Re)+π(Cl)+π(CO)

附表 44　配合物 b6 在二氯甲烷溶液中的前线分子轨道成分

轨道	能量 /eV	分子轨道分布/%					主要键型
		Re	Cl	CO	TTF	phen	
L+4	−1.37				76.1	17.22	π^*(TTF)+π^*(phen)
L+3	−1.69	0.6	0.26	0.15	8.3	86.21	π^*(phen)
L+1	−2.80	4.31	2	3.55	2.03	83.21	π^*(phen)
L	−2.86				5.68	89.65	π^*(phen)
HOMO−LUMO 能隙 = 2.7825							
H	−5.65				87.08	9.3	π(TTF)
H−1	−6.43	48.73	24.96	20.41		2.84	d(Re)+π(Cl)+π(CO)
H−2	−6.56	34.22	27.1	18.11	0.78	6.16	d(Re)+π(Cl)+π(CO)

附表 45　配合物 b7 在二氯甲烷溶液中的前线分子轨道成分

轨道	能量 /eV	分子轨道分布/%					主要键型
		Re	Cl	CO	TTF	phen	
L+3	−1.62	3.56	2.21	3.5	1.81	84.69	π^*(phen)
L+2	−2.36				91.47	4.95	π^*(TTF)
L+1	−2.60				10.61	83.59	π^*(phen)
L	−2.92	2.93	1.36	2.39	1.04	88.64	π^*(phen)
HOMO−LUMO 能隙 = 2.7216							
H	−5.64				87.7	8.61	π(TTF)
H−1	−6.45	47.65	26.59	20.49		2.21	d(Re)+π(Cl)+π(CO)
H−2	−6.58	43.39	28.55	18.1	1.11	5.45	d(Re)+π(Cl)+π(CO)

附表 46　配合物 b8 在二氯甲烷溶液中的前线分子轨道成分

轨道	能量 /eV	分子轨道分布/%					主要键型
		Re	Cl	CO	TTF	phen	
L+1	−2.61				8.41	86.83	π^*(phen)
L	−3.01	3.06	1.46	2.46	1.09	88.12	π^*(phen)

HOMO−LUMO 能隙＝2.6656

轨道	能量 /eV	Re	Cl	CO	TTF	phen	主要键型
H	−5.67				87.24	9.2	π(TTF)
H−1	−6.48	47.51	26.37	20.82		1.95	d(Re)+π(Cl)+π(CO)
H−2	−6.56	45.19	27.26	17.63	0.47	5.26	d(Re)+π(Cl)+π(CO)

附表 47　配合物 b9 在二氯甲烷溶液中的前线分子轨道成分

轨道	能量 /eV	分子轨道分布/%					主要键型
		Re	Cl	CO	TTF	phen	
L+1	−2.62	2.2	1.05	1.94	2.96	86.95	π^*(phen)
L	−3.17	2.1	0.8	1.58	2.61	87.84	π^*(phen)

HOMO−LUMO 能隙＝2.4803

轨道	能量 /eV	Re	Cl	CO	TTF	phen	主要键型
H	−5.65				87.9	7.58	π(TTF)
H−1	−6.38	49.43	23.7	20.2		3.38	d(Re)+π(Cl)+π(CO)
H−2	−6.53	44.68	26.41	18.11	0.56	6.59	d(Re)+π(Cl)+π(CO)

附表 48　配合物 6-3 在二氯甲烷溶液中的吸收跃迁相关分子轨道成分

轨道	能量 /eV	分子轨道分布/%					主要键型
		Re	Cl	CO	exTTF	phen	
L+4	−1.06	0.99	0.64	0.74	50.39	41.24	π^*(exTTF)+π^*(phen)
L+3	−1.63				91.6	2.68	π^*(exTTF)
L+2	−2.11				95.71		π^*(exTTF)
L	−2.46	4.35	2.41	3.86	0.76	86.3	π^*(phen)

HOMO−LUMO 能隙＝2.95

轨道	能量 /eV	Re	Cl	CO	exTTF	phen	主要键型
H	−5.41				90.57	4.62	π(exTTF)
H−1	−6.00	0.2	0.13		82.09	11.78	π(exTTF)+π(phen)

附表 49　配合物 D1 在二氯甲烷溶液中的吸收跃迁相关分子轨道成分

轨道	能量 /eV	分子轨道分布/%					主要键型
		Re	Cl	CO	exTTF	phen	
L+3	−1.63				91.75	2.87	$\pi^*(\text{exTTF})$
L+2	−2.15				96.57		$\pi^*(\text{exTTF})$
L+1	−2.29				6.05	91.2	$\pi^*(\text{phen})$
L	−2.46	4.48	2.41	3.72	0.76	86.24	$\pi^*(\text{phen})$
HOMO−LUMO 能隙=2.96							
H	−5.42				90.36	5.04	$\pi(\text{exTTF})$
H−1	−6.01	0.16	0.12		82.61	11.47	$\pi(\text{exTTF})+\pi(\text{phen})$
H−3	−6.48	45.94	27.05	18.63	0.40	4.00	$d(\text{Re})+\pi(\text{Cl})+\pi(\text{CO})$

附表 50　配合物 D2 在二氯甲烷溶液中的吸收跃迁相关分子轨道成分

轨道	能量 /eV	分子轨道分布/%					主要键型
		Re	Cl	CO	exTTF	phen	
L+4	−1.00				87.38	6.24	$\pi^*(\text{exTTF})$
L+3	−1.55				92.46	2.45	$\pi^*(\text{exTTF})$
L+1	−1.93	3.23	1.9	2.84	1.47	86.22	$\pi^*(\text{phen})$
L	−2.12				96.53		$\pi^*(\text{exTTF})$
HOMO−LUMO 能隙=3.16							
H	−5.28	0.59	0.11	0.23	80.42	12.3	$\pi(\text{exTTF})+\pi(\text{phen})$
H−1	−5.81	4.27	1.21	2.47	69.83	17.92	$\pi(\text{exTTF})+\pi(\text{phen})$

附表 51　配合物 D3 在二氯甲烷溶液中的吸收跃迁相关分子轨道成分

轨道	能量 /eV	分子轨道分布/%					主要键型
		Re	Cl	CO	exTTF	phen	
L+4	−0.94	1.29	0.78	1.25	62.02	28.24	$\pi^*(\text{exTTF})+\pi^*(\text{phen})$
L+3	−1.49				92.74	1.3	$\pi^*(\text{exTTF})$
L+1	−2.11	2.81	1.6	2.06	16.36	71.08	$\pi^*(\text{exTTF})+\pi^*(\text{phen})$
L	−2.12	0.59		0.21	78.72	14.64	$\pi^*(\text{exTTF})+\pi^*(\text{phen})$
HOMO−LUMO 能隙=3.12							
H	−5.24	0.1		0.13	84.33	10.13	$\pi(\text{exTTF})+\pi(\text{phen})$
H−1	−5.84	1.27	0.38	0.26	80.79	11.71	$\pi(\text{exTTF})+\pi(\text{phen})$

附表 52　配合物 D4 在二氯甲烷溶液中的吸收跃迁相关分子轨道成分

轨道	能量 /eV	分子轨道分布/%					主要键型
		Re	Cl	CO	exTTF	phen	
L+4	−1.06	1.72	1.01	1.77	9.5	79.41	π^*(phen)
L+3	−1.59				91.68	2.19	π^*(exTTF)
L+1	−2.22				7.66	89.29	π^*(phen)
L	−2.33	4.68	2.54	3.86		85.69	π^*(phen)
HOMO−LUMO 能隙=3.02							
H	−5.35				88.01	6.81	π(exTTF)
H−1	−5.94	0.82	0.32	0.19	82.01	10.75	π(exTTF)+π(phen)
H−3	−6.44	45.43	25.78	18.36	1.28	4.60	d(Re)+π(Cl)+π(CO)

附表 53　配合物 D5 在二氯甲烷溶液中的吸收跃迁相关分子轨道成分

轨道	能量 /eV	分子轨道分布/%					主要键型
		Re	Cl	CO	exTTF	phen	
L+4	−0.97				87.17	6.93	π^*(exTTF)
L+3	−1.21	2.68	1.76	2.79	9.53	78.06	π^*(phen)
L+2	−1.59				90.28	3.4	π^*(exTTF)
L+1	−2.35				7.24	90.16	π^*(phen)
L	−2.54	3.7	1.91	2.76	0.22	88.27	π^*(phen)
HOMO−LUMO 能隙=2.85							
H	−5.39				89.71	4.84	π(exTTF)
H−1	−5.98	0.3	0.17	0.14	82.68	10.47	π(exTTF)+π(phen)
H−3	−6.52	45.42	26.5	18.43	0.96	4.48	d(Re)+π(Cl)+π(CO)

附表 54　配合物 D6 在二氯甲烷溶液中的吸收跃迁相关分子轨道成分

轨道	能量 /eV	分子轨道分布/%					主要键型
		Re	Cl	CO	exTTF	phen	
L+3	−1.79				56.18	35.83	π^*(exTTF)+π^*(phen)
L+1	−2.81				5.16	90.58	π^*(phen)
L	−2.85	4.42	2.1	3.6	3.35	82.04	π^*(phen)
HOMO−LUMO 能隙=2.59							
H	−5.44				90.30	5.10	π(exTTF)
H−1	−6.05				82.21	11.43	π(exTTF)+π(phen)
H−2	−6.47	47.57	26.51	20.82		1.92	d(Re)+π(Cl)+π(CO)
H−3	−6.57	45.58	27.87	17.85	0.1	4.53	d(Re)+π(Cl)+π(CO)

附表 55　配合物 **D7** 在二氯甲烷溶液中的吸收跃迁相关分子轨道成分

轨道	能量/eV	分子轨道分布/%					主要键型
		Re	Cl	CO	exTTF	phen	
L+5	-1.66				85.99	7.74	π^*(exTTF)
L+1	-3.40	4.27	1.66	3.00	2.17	84.71	π^*(phen)
L	-3.56	0.21			1.93	94.14	π^*(phen)
HOMO-LUMO 能隙=1.96							
H	-5.52				91.87	1.39	π(exTTF)
H-1	-5.18				81.95	11.61	π(exTTF)+π(phen)
H-2	-6.60	47.27	27.34	20.58		2.16	d(Re)+π(Cl)+π(CO)
H-3	-6.70	44.73	29.16	17.32		4.74	d(Re)+π(Cl)+π(CO)
H-7	-7.50	0.11	1.11		77.07	17.04	π(exTTF)
H-8	-7.71		2.15	0.16	74.72	17.71	π(exTTF)+π(phen)
H-11	-8.16	12.45	57.15	7.34	5.05	11.58	d(Re)+π(Cl)+π(phen)

附表 56　配合物 **a′1** 在乙腈溶液中的分子轨道组分

轨道	能量/eV	分子轨道分布/%					主要键型
		Re	CO	phen	C≡CR	COOH	
L+4	-0.70	2.74	4.65	85.98	2.69		π^*(phen)
L+3	-0.73	20.29	32.22	21.14	18.14	3.19	d(Re)+π^*(CO)+π^*(phen)+π^*(C≡CR)
L+1	-2.16	3.44	4.27	87.02	1.64		π^*(phen)
L	-2.50	1.56	1.73	0.37	80.49	13.15	π^*(C≡CR)+p(COOH)
HOMO-LUMO 能隙=3.30							
H	-5.80	29.10	13.80	0.18	51.08	0.75	d(Re)+π(CO)+π(C≡CR)
H-2	-6.74	53.92	24.60	14.86	2.20		d(Re)+π(CO)+π(phen)
H-3	-6.92	34.78	12.98	10.68	36.35	1.43	d(Re)+π(CO)+π(phen)+π(C≡CR)
H-4	-7.21	15.22	5.91	69.49	5.85		d(Re)+π(phen)
H-5	-7.45	1.95	0.75	87.67	6.41	0.33	π(phen)

附表 57 配合物 a′2 在乙腈溶液中的分子轨道组分

轨道	能量/eV	分子轨道分布/%					主要键型
		Re	CO	phen	C≡CR	COOH	
L+5	-0.15	0.71	2.17	1.41	93.54	2.17	$\pi^*(C\equiv CR)$
L+3	-0.79	18.59	40.92	17.99	19.08	3.42	$d(Re)+\pi^*(CO)+\pi^*(phen)+$ $\pi^*(C\equiv CR)$
L+2	-1.32	2.74	3.80	91.93	1.30	0.22	$\pi^*(phen)$
L+1	-1.90	2.41	2.43	94.54	0.61		$\pi^*(phen)$
L	-2.50	1.72	1.62	0.64	82.20	13.82	$\pi^*(C\equiv CR)+p(COOH)$
HOMO-LUMO 能隙=3.34							
H	-5.84	22.48	11.24	1.82	62.82	1.64	$d(Re)+\pi(CO)+\pi(C\equiv CR)$
H-1	-5.98	20.99	11.91	51.42	15.68	0.01	$d(Re)+\pi(CO)+\pi(phen)+\pi(C\equiv CR)$
H-3	-6.70	0.92	0.68	97.09	1.27	0.05	$\pi(phen)$
H-4	-6.96	33.35	14.02	11.85	38.75	2.02	$d(Re)+\pi(CO)+\pi(phen)+\pi(C\equiv CR)$
H-7	-7.66	27.66	11.71	13.94	46.65	0.04	$d(Re)+\pi(CO)+\pi(phen)+\pi(C\equiv CR)$
H-12	-9.13	19.76	13.23	36.50	30.28	0.23	$d(Re)+\pi(CO)+\pi(phen)+\pi(C\equiv CR)$

附表 58 配合物 a′3 在乙腈溶液中的分子轨道组分

轨道	能量/eV	分子轨道分布/%					主要键型
		Re	CO	phen	C≡CR	COOH	
L+7	0.01	1.64	4.34	87.79	4.32	0.91	$\pi^*(phen)$
L+2	-1.61	0.85	0.63	96.57			$\pi^*(phen)$
L	-2.49	1.69	1.48		82.50	13.89	$\pi^*(C\equiv CR)+p(COOH)$
HOMO-LUMO 能隙=3.22							
H	-5.71	26.96	13.34		56.44	1.50	$d(Re)+\pi(CO)+\pi(C\equiv CR)$
H-3	-6.84	25.80	10.40	22.98	37.67	1.69	$d(Re)+\pi(CO)+\pi(phen)+\pi(C\equiv CR)$
H-4	-6.88	13.90	5.35	57.45	21.69	0.61	$d(Re)+\pi(phen)+\pi(C\equiv CR)$
H-12	-9.15	25.11	15.66	15.79	41.93	1.15	$d(Re)+\pi(CO)+\pi(phen)+\pi(C\equiv CR)$

附表 59 配合物 a′4 在乙腈溶液中的分子轨道组分

轨道	能量/eV	分子轨道分布/%					主要键型
		Re	CO	phen	C≡CR	COOH	
L+4	-0.97	19.16	28.73	37.64	12.34	2.13	$d(Re)+\pi^*(CO)+\pi^*(phen)+$ $\pi^*(C\equiv CR)$

轨道	能量/eV	分子轨道分布/%					主要键型
		Re	CO	phen	C≡CR	COOH	
L+2	-2.29	1.19	0.63	93.84	3.68	0.66	π*(phen)
L+1	-2.50	3.21	2.58	90.82	3.01	0.38	π*(phen)
L	-2.51	2.10	1.82	6.71	76.60	12.77	π*(C≡CR)+p(COOH)
HOMO−LUMO 能隙=3.31							
H	-5.82	25.12	11.60	2.21	59.54	1.53	d(Re)+π(CO)+π(C≡CR)
H-2	-6.80	57.22	26.50	14.19	2.09		d(Re)+π(CO)+π(phen)
H-3	-6.97	32.88	12.61	7.67	44.55	2.29	d(Re)+π(CO)+π(C≡CR)
H-4	-7.39	8.33	2.55	82.95	6.16	0.01	d(Re)+π(phen)
H-7	-7.72	27.98	11.24	12.57	48.17	0.04	d(Re)+π(CO)+π(phen)+π(C≡CR)
H-12	-8.82	2.26	3.23	94.20	0.32		π(phen)

附表 60　配合物 a'5在乙腈溶液中的分子轨道组分

轨道	能量/eV	分子轨道分布/%					主要键型
		Re	CO	phen	C≡CR	COOH	
L+16	1.16	27.56	54.50	12.91	4.95	0.08	d(Re)+π*(CO)+π*(phen)
L+12	0.85	12.41	21.62	60.65	5.31	0.02	d(Re)+π*(CO)+π*(phen)
L+6	-0.30	3.00	10.34	69.73	14.05	2.88	π*(CO)+π*(phen)+π*(C≡CR)
L+3	-1.08	1.86	2.30	94.92	0.92		π*(phen)
L+2	-2.26	1.17	0.64	95.58	2.21	0.40	π*(phen)
L	-2.51	2.03	1.75	8.74	74.97	12.51	π*(C≡CR)+p(COOH)
HOMO−LUMO 能隙=3.32							
H	-5.83	24.69	11.64	1.84	60.28	1.55	d(Re)+π(CO)+π(C≡CR)
H-6	-7.67	0.61	0.31	91.37	7.26	0.45	π(phen)

附表 61　配合物 a'6在乙腈溶液中的分子轨道组分

轨道	能量/eV	分子轨道分布/%					主要键型
		Re	CO	phen	C≡CR	COOH	
L+12	0.60	21.20	43.58	8.72	18.58	7.92	d(Re)+π*(CO)+π*(phen)+π*(C≡CR)
L+6	-0.94	17.65	29.80	39.09	11.49	1.97	d(Re)+π*(CO)+π*(phen)+π*(C≡CR)

轨道	能量/eV	分子轨道分布/%					主要键型
		Re	CO	phen	C≡CR	COOH	
L+4	-1.69	1.23	0.65	98.09	0.02		π^*(phen)
L+2	-2.51	1.73	1.33	1.14	82.02	13.79	π^*(C≡CR)+p(COOH)
L+1	-3.08	4.20	2.61	92.44	0.74		π^*(phen)
L	-3.33	1.26	0.83	97.43	0.45	0.03	π^*(phen)
HOMO-LUMO 能隙=2.54							
H	-5.87	24.44	10.72	1.95	61.33	1.56	d(Re)+π(CO)+π(C≡CR)
H-2	-7.00	60.99	28.41	9.48	1.10	0.02	d(Re)+π(CO)+π(phen)
H-5	-7.77	16.81	6.59	36.65	39.92	0.03	d(Re)+π(phen)+π(C≡CR)
H-7	-7.96	5.26	1.88	16.87	71.58	4.41	π(phen)+π(C≡CR)

附表62　配合物 b′1在乙腈溶液中的分子轨道组分

轨道	能量/eV	分子轨道分布/%					主要键型
		Re	CO	phen	C≡CR	COOH	
L+14	1.15	24.01	57.81	8.06	10.05	0.07	d(Re)+π^*(CO)+π^*(phen)+π^*(C≡CR)
L+4	-0.77	20.03	45.96	9.08	21.15	3.78	d(Re)+π^*(CO)+π^*(phen)+π^*(C≡CR)
L+3	-0.79	1.96	2.74	94.53	0.73	0.04	π^*(phen)
L+2	-2.00	1.05	0.64	98.24	0.07	0.01	π^*(phen)
L	-2.49	1.69	1.64	0.45	82.36	13.86	π^*(C≡CR)+p(COOH)
HOMO-LUMO 能隙=3.30							
H	-5.79	24.03	12.26	1.75	60.41	1.56	d(Re)+π(CO)+π(C≡CR)
H-1	-6.13	38.21	18.35	7.60	35.82	0.02	d(Re)+π(CO)+π(C≡CR)
H-2	-6.82	64.17	31.66	3.83	0.34		d(Re)+π(CO)
H-3	-6.93	30.57	12.87	13.71	40.81	2.05	d(Re)+π(CO)+π(phen)+π(C≡CR)
H-4	-6.98	3.61	1.42	85.54	9.28	0.15	π(phen)+π(C≡CR)
H-7	-7.66	24.74	9.43	15.57	50.22	0.04	d(Re)+π(CO)+π(phen)+π(C≡CR)

附表 63　配合物 b′2在乙腈溶液中的分子轨道组分

轨道	能量/eV	分子轨道分布/%					主要键型
		Re	CO	phen	C≡CR	COOH	
L+7	0.06	4.87	23.12	1.96	52.74	17.30	$\pi^*(CO)+\pi^*(C≡CR)+p(COOH)$
L+6	−0.13	0.70	2.61	0.24	94.59	1.86	$\pi^*(C≡CR)$
L+4	−0.64	1.88	2.76	94.76	0.59	0.01	$\pi^*(phen)$
L+3	−0.76	20.07	46.28	8.22	21.56	3.87	$d(Re)+\pi^*(CO)+\pi^*(phen)+\pi^*(C≡CR)$
L+2	−1.82	1.20	0.79	97.94	0.06		$\pi^*(phen)$
L+1	−2.18	3.11	2.99	93.22	0.68		$\pi^*(phen)$
L	−2.49	1.69	1.63	0.44	82.37	13.87	$\pi^*(C≡CR)+p(COOH)$
HOMO−LUMO 能隙=3.29							
H	−5.78	23.70	12.10	3.84	58.83	1.52	$d(Re)+\pi(CO)+\pi(C≡CR)$
H−1	−5.83	3.08	1.58	92.42	2.88	0.04	$\pi(phen)$
H−2	−6.15	36.52	17.37	9.76	36.33	0.02	$d(Re)+\pi(CO)+\pi(phen)+\pi(C≡CR)$
H−4	−6.92	32.23	13.60	8.81	43.17	2.19	$d(Re)+\pi(CO)+\pi(phen)+\pi(C≡CR)$
H−5	−7.36	1.18	0.34	96.63	1.74	0.10	$\pi(phen)$

附表 64　配合物 b′3在乙腈溶液中的分子轨道组分

轨道	能量/eV	分子轨道分布/%					主要键型
		Re	CO	phen	C≡CR	COOH	
L+12	1.02	7.46	23.82	12.18	49.49	7.05	$\pi^*(CO)+\pi^*(phen)+\pi^*(C≡CR)$
L+10	0.65	2.41	12.57	1.70	59.47	23.85	$\pi^*(CO)+\pi^*(C≡CR)+p(COOH)$
L+5	−0.23	17.10	68.04	5.92	8.72	0.22	$d(Re)+\pi^*(CO)+\pi^*(C≡CR)$
L+4	−0.77	3.93	7.70	85.34	2.63	0.38	$\pi^*(phen)$
L+3	−0.79	18.30	41.52	18.08	18.77	3.33	$d(Re)+\pi^*(CO)+\pi^*(phen)+\pi^*(C≡CR)$
L+2	−1.97	1.18	0.75	97.99	0.07		$\pi^*(phen)$
L	−2.49	1.69	1.64	0.45	82.34	13.88	$\pi^*(C≡CR)+p(COOH)$
HOMO−LUMO 能隙=3.31							
H	−5.80	23.68	12.08	1.72	60.96	1.56	$d(Re)+\pi(CO)+\pi(C≡CR)$
H−3	−6.85	64.97	31.88	2.97	0.18		$d(Re)+\pi(CO)$
H−4	−6.95	32.98	13.87	7.70	43.23	2.22	$d(Re)+\pi(CO)+\pi(C≡CR)$
H−6	−7.63	12.22	4.54	53.90	29.14	0.20	$d(Re)+\pi(phen)+\pi(C≡CR)$
H−7	−7.65	13.30	5.02	51.10	30.38	0.20	$d(Re)+\pi(phen)+\pi(C≡CR)$

附表 65　配合物 b′4在乙腈溶液中的分子轨道组分

轨道	能量/eV	分子轨道分布/%					主要键型
		Re	CO	phen	C≡CR	COOH	
L+13	0.83	24.37	43.50	5.75	23.84	1.39	$d(Re)+\pi^*(CO)+\pi^*(C≡CR)$
L+7	−0.31	0.32	4.89	92.14			$\pi^*(phen)$
L+1	−2.47	4.32	4.23	61.74	22.48	3.51	$\pi^*(phen)+\pi^*(C≡CR)$
L	−2.50	1.07	0.63	31.15	54.88	8.82	$\pi^*(phen)+\pi^*(C≡CR)+p(COOH)$
HOMO−LUMO 能隙=3.38							
H	−5.88	24.79	10.33	3.2	56.74	1.06	$d(Re)+\pi(CO)+\pi(C≡CR)$
H−1	−6.14	45.00	19.37	1.95	29.43		$d(Re)+\pi(CO)+\pi(C≡CR)$
H−3	−6.98	30.58	11.84	26.57	23.65	1.09	$d(Re)+\pi(CO)+\pi(phen)+\pi(C≡CR)$

附表 66　配合物 b′5在乙腈溶液中的分子轨道组分

轨道	能量/eV	分子轨道分布/%					主要键型
		Re	CO	phen	C≡CR	COOH	
L+6	−0.29	2.32	6.76	89.97			$\pi^*(phen)$
L+4	−0.83	21.30	47.96	7.69	17.98	3.04	$d(Re)+\pi^*(CO)+\pi^*(C≡CR)$
L+3	−1.11	1.82	2.12	95.78			$\pi^*(phen)$
L+1	−2.48	3.14	3.02	79.43	12.23	1.98	$\pi^*(phen)+\pi^*(C≡CR)$
L	−2.50	1.71	1.50	13.67	70.27	11.86	$\pi^*(phen)+\pi^*(C≡CR)+p(COOH)$
HOMO−LUMO 能隙=3.34							
H	−5.84	22.62	11.46		62.54	1.59	$d(Re)+\pi(CO)+\pi(C≡CR)$
H−2	−6.91	64.56	31.51				$d(Re)+\pi(CO)$
H−4	−7.29	3.19	1.19	83.76	11.32	0.16	$\pi(phen)+\pi(C≡CR)$
H−14	−9.38	4.52	2.00	83.98	8.58		$\pi(phen)+\pi(C≡CR)$

附表 67　配合物 b′6在乙腈溶液中的分子轨道组分

轨道	能量/eV	分子轨道分布/%					主要键型
		Re	CO	phen	C≡CR	COOH	
L+6	−0.90	21.17	47.21	10.30	18.19	3.13	$d(Re)+\pi^*(CO)+\pi^*(phen)+$ $\pi^*(C≡CR)$
L+5	−1.32	1.77	1.99	95.82	0.42		$\pi^*(phen)$
L+4	−2.19	0.78	0.53	98.59	0.08	0.01	$\pi^*(phen)$
L+3	−2.50	1.67	1.67	1.35	81.51	13.80	$\pi^*(C≡CR)+p(COOH)$

轨道	能量/eV	分子轨道分布/%					主要键型
		Re	CO	phen	C≡CR	COOH	
L	-3.42	0.26	0.08	99.64		0.02	π*(phen)

HOMO-LUMO 能隙 = 2.46

轨道	能量/eV	Re	CO	phen	C≡CR	COOH	主要键型
H	-5.88	22.10	11.15	1.56	63.61	1.59	d(Re)+π(CO)+π(C≡CR)
H-3	-7.05	34.43	14.36	5.80	43.10	2.32	d(Re)+π(CO)+π(C≡CR)
H-5	-7.67	18.89	7.05	26.30	47.72	0.04	d(Re)+π(phen)+π(C≡CR)
H-7	-8.19	9.86	4.04	77.13	8.81	0.16	d(Re)+π(phen)+π(C≡CR)

附表 68   配合物 c′1在乙腈溶液中的分子轨道组分

轨道	能量/eV	分子轨道分布/%					主要键型
		Re	CO	phen	C≡CR	COOH	
L+6	-0.06	2.07	6.92	90.00	0.88	0.14	π*(phen)
L+4	-0.77	20.47	46.96	8.66	20.31	3.60	d(Re)+π*(CO)+π*(C≡CR)
L+3	-0.82	1.80	2.34	95.32	0.53		π*(phen)
L+2	-2.10	1.00	0.56	98.34	0.09	0.01	π*(phen)
L+1	-2.26	3.16	2.97	93.16	0.71		π*(phen)
L	-2.43	1.75	1.73	0.49	82.07	13.96	π*(C≡CR)+p(COOH)

HOMO-LUMO 能隙 = 3.30

轨道	能量/eV	Re	CO	phen	C≡CR	COOH	主要键型
H	-5.73	20.99	10.82	1.56	64.93	1.70	d(Re)+π(CO)+π(C≡CR)
H-2	-6.84	64.76	31.79	3.09	0.36		d(Re)+π(CO)
H-3	-6.87	35.38	15.05	7.42	40.22	1.92	d(Re)+π(CO)+π(C≡CR)
H-5	-7.23	3.27	1.13	77.91	17.67	0.01	π(phen)+π(C≡CR)
H-6	-7.69	0.51	0.06	84.36	14.19	0.88	π(phen)+π(C≡CR)
H-7	-7.21	25.46	9.86	26.74	37.89	0.05	d(Re)+π(CO)+π(phen)+π(C≡CR)
H-11	-9.13	16.50	10.31	38.18	31.58	3.42	d(Re)+π(CO)+π(phen)+π(C≡CR)

附表 69   配合物 c′2在乙腈溶液中的分子轨道组分

轨道	能量/eV	分子轨道分布/%					主要键型
		Re	CO	phen	C≡CR	COOH	
L+10	0.70	1.25	2.86	0.49	94.57	0.84	π*(C≡CR)
L+7	0.24	4.72	25.77	2.13	42.51	24.87	π*(CO)+π*(C≡CR)+p(COOH)

轨道	能量 /eV	分子轨道分布/%					主要键型
		Re	CO	phen	C≡CR	COOH	
L+4	-0.73	24.07	57.08	10.36	8.09	0.40	d(Re)+π*(CO)+π*(phen)
L+2	-2.09	1.01	0.59	98.29	0.10	0.01	π*(phen)
L	-2.35	1.09	0.99	0.43	82.33	15.15	π*(C≡CR)+p(COOH)
HOMO-LUMO 能隙=3.10							
H	-5.45	11.85	6.44	1.57	78.77	1.37	d(Re)+π(C≡CR)
H-1	-5.76	0.06	0.04	0.02	99.38	0.51	π(C≡CR)
H-5	-7.35	5.95	2.35	80.52	11.12	0.07	π(phen)+π(C≡CR)
H-8	-7.80	12.70	4.77	56.86	25.63	0.04	d(Re)+π(phen)+π(C≡CR)

附表 70　配合物 c′3 在乙腈溶液中的分子轨道组分

轨道	能量 /eV	分子轨道分布/%					主要键型
		Re	CO	phen	C≡CR	COOH	
L+9	0.48	3.45	31.69	1.89	51.31	11.66	π*(CO)+π*(C≡CR)+p(COOH)
L+8	0.45	4.22	37.84	1.64	54.61	1.69	π*(CO)+π*(C≡CR)
L+6	-0.04	2.00	6.69	91.16	0.14	0.01	π*(phen)
L+4	-0.73	21.42	49.85	9.20	16.55	2.98	d(Re)+π*(CO)+π*(phen)+π*(C≡CR)
L+2	-2.08	1.00	0.56	98.33	0.11	0.01	π*(phen)
L	-2.55	1.61	1.52	0.44	82.26	14.17	π*(C≡CR)+p(COOH)
HOMO-LUMO 能隙=3.06							
H	-5.61	18.87	10.02	1.35	68.15	1.62	d(Re)+π(CO)+π(C≡CR)
H-2	-6.53	0.01		0.01	99.53	0.45	π(C≡CR)
H-4	-6.86	39.25	16.66	8.29	34.55	1.26	d(Re)+π(CO)+π(C≡CR)
H-6	-7.68	0.78	0.14	86.99	11.33	0.76	π(phen)+π(C≡CR)
H-12	-9.35	0.52	0.17	8.58	12.97	77.76	π(C≡CR)+p(COOH)
H-16	-9.68	0.11	0.06	0.26	89.11	10.45	π(C≡CR)+p(COOH)

附表 71　配合物 c′4 在乙腈溶液中的分子轨道组分

轨道	能量 /eV	分子轨道分布/%					主要键型
		Re	CO	phen	C≡CR	COOH	
L+9	-0.07	2.02	7.00	90.41	0.56	0.01	π*(phen)

轨道	能量/eV	分子轨道分布/%					主要键型
		Re	CO	phen	C≡CR	COOH	
L+8	−0.15	1.13	4.07	0.90	93.07	0.83	π*(C≡CR)
L+7	−0.23	8.11	28.55	2.85	48.92	11.57	π*(CO)+π*(C≡CR)+p(COOH)
L+6	−0.30	16.83	64.75	5.89	12.42	0.11	d(Re)+π*(CO)+π*(C≡CR)
L+2	−2.11	1.01	0.58	97.96	0.44	0.01	π*(phen)
L	−2.72	1.82	1.66	0.45	83.12	12.95	π*(C≡CR)+p(COOH)
HOMO-LUMO 能隙=3.24							
H	−5.96	27.12	13.46	1.93	56.27	1.23	d(Re)+π(CO)+π(C≡CR)
H−1	−6.22	38.65	18.53	6.67	36.13	0.01	d(Re)+π(CO)+π(C≡CR)
H−2	−6.88	64.65	31.47	3.43	0.46		d(Re)+π(CO)
H−3	−7.07	30.32	12.47	10.17	45.48	1.56	d(Re)+π(CO)+π(phen)+π(C≡CR)
H−6	−7.72	1.75	0.48	90.46	6.90	0.42	π(phen)

附表 72　配合物 c′5 在乙腈溶液中的分子轨道组分

轨道	能量/eV	分子轨道分布/%					主要键型
		Re	CO	phen	C≡CR	COOH	
L+7	−0.21	8.26	29.61	2.78	46.67	12.68	π*(CO)+π*(C≡CR)+p(COOH)
L+6	−0.29	17.41	67.37	5.94	9.23	0.05	d(Re)+π*(CO)+π*(C≡CR)
L+4	−0.83	1.81	2.36	94.97	0.86		π*(phen)
L	−2.72	1.80	1.64	0.44	83.08	13.04	π*(C≡CR)+p(COOH)
HOMO-LUMO 能隙=3.24							
H	−5.96	27.34	13.58	1.94	55.91	1.24	d(Re)+π(CO)+π(C≡CR)
H−1	−6.25	40.16	19.15	7.41	33.25	0.01	d(Re)+π(CO)+π(C≡CR)
H−3	−7.08	30.54	12.54	10.04	45.16	1.72	d(Re)+π(CO)+π(phen)+π(C≡CR)
H−5	−7.32	0.06	0.02	0.92	98.23	0.76	π(C≡CR)
H−8	−8.12	4.11	1.58	5.51	82.61	6.19	π(C≡CR)

附表 73　配合物 c′6 在乙腈溶液中的分子轨道组分

轨道	能量/eV	分子轨道分布/%					主要键型
		Re	CO	phen	C≡CR	COOH	
L+3	−2.20	1.83	1.89	45.58	47.89	2.81	π*(phen)+π*(C≡CR)

轨道	能量/eV	分子轨道分布/%					主要键型
		Re	CO	phen	C≡CR	COOH	
L+2	-2.29	1.73	1.60	46.94	46.80	2.93	π^*(phen)+π^*(C≡CR)
L+1	-2.53	0.16	0.19	1.66	97.59	0.39	π^*(C≡CR)
L	-2.98	2.74	2.33	0.71	85.36	8.86	π^*(C≡CR)+p(COOH)
HOMO-LUMO 能隙=3.19							
H	-6.17	34.01	16.20	2.67	46.17	0.96	d(Re)+π(CO)+π(C≡CR)
H-2	-6.92	64.57	31.21	3.70	0.53		d(Re)+π(CO)
H-6	-7.81	22.50	8.45	24.37	44.60	0.08	d(Re)+π(phen)+π(C≡CR)
H-8	-8.30	4.15	1.60	5.44	81.93	6.87	π(C≡CR)

附表 74　配合物 d′1在乙腈溶液中的分子轨道组分

轨道	能量/eV	分子轨道分布/%					主要键型
		Re	CO	phen	C≡CR	COOH	
L+6	-0.06	6.71	27.49	6.34	50.52	8.94	π^*(CO)+π^*(C≡CR)+p(COOH)
L+5	-0.19	17.12	68.94	5.91	7.95	0.07	d(Re)+π^*(CO)
L+3	-0.82	18.50	40.78	9.85	27.52	3.35	d(Re)+π^*(CO)+π^*(phen)+π^*(C≡CR)
L+2	-2.09	1.00	0.56	98.35	0.08	0.01	π^*(phen)
L	-2.31	1.12	1.15	0.33	81.05	16.36	π^*(C≡CR)+p(COOH)
HOMO-LUMO 能隙=3.40							
H	-5.71	22.56	11.68	1.61	63.15	0.99	d(Re)+π(CO)+π(C≡CR)
H-1	-6.09	37.15	17.94	6.39	38.53		d(Re)+π(CO)+π(C≡CR)
H-5	-7.21	3.34	1.16	77.32	18.19		π(phen)+π(C≡CR)
H-6	-7.68	9.35	3.55	65.37	21.28	0.45	d(Re)+π(phen)+π(C≡CR)
H-7	-7.69	16.49	6.34	49.87	27.12	0.18	d(Re)+π(phen)+π(C≡CR)
H-9	-8.43	0.13	0.06	0.24	13.15	86.42	π(C≡CR)+p(COOH)

附表 75　配合物 d′2在乙腈溶液中的分子轨道组分

轨道	能量/eV	分子轨道分布/%					主要键型
		Re	CO	phen	C≡CR	COOH	
L+12	1.05	13.37	40.41	30.36	13.72	2.13	d(Re)+π^*(CO)+π^*(phen)+π^*(C≡CR)

轨道	能量/eV	分子轨道分布/%					主要键型
		Re	CO	phen	C≡CR	COOH	
L+6	-0.05	1.91	6.04	91.95	0.10	0.01	π^*(phen)
L+2	-2.09	0.99	0.53	98.18	0.26	0.04	π^*(phen)
L+1	-2.19	1.42	1.53	0.61	82.40	14.05	π^*(C≡CR)+p(COOH)
L	-2.25	3.16	2.98	93.16	0.70		π^*(phen)
HOMO-LUMO 能隙=3.44							
H	-5.69	19.45	10.10	1.39	67.47	1.59	d(Re)+π(CO)+π(C≡CR)
H-1	-5.87	0.26	0.13	0.02	99.14	0.44	π(C≡CR)
H-2	-6.09	37.08	17.90	6.36	38.65		d(Re)+π(CO)+π(C≡CR)

附表 76　配合物 d′3在乙腈溶液中的分子轨道组分

轨道	能量/eV	分子轨道分布/%					主要键型
		Re	CO	phen	C≡CR	COOH	
L+4	-0.79	19.71	44.80	8.46	23.61	3.41	d(Re)+π^*(CO)+π^*(C≡CR)
L+3	-0.82	1.84	2.44	95.17	0.55	0.01	π^*(phen)
L+2	-2.10	0.98	0.53	98.15	0.30	0.04	π^*(phen)
L+1	-2.19	1.74	1.91	0.74	83.28	12.33	π^*(C≡CR)+p(COOH)
L	-2.26	3.16	2.99	93.15	0.70		π^*(phen)
HOMO-LUMO 能隙=3.52							
H	-5.78	22.59	11.54	1.63	62.90	1.34	d(Re)+π(CO)+π(C≡CR)
H-1	-6.14	38.45	18.40	6.82	36.32		d(Re)+π(CO)+π(C≡CR)
H-3	-6.79	28.30	12.19	5.06	51.88	2.56	d(Re)+π(CO)+π(C≡CR)
H-4	-6.84	64.92	31.91	2.95	0.22		d(Re)+π(CO)
H-5	-7.24	2.36	0.77	80.60	16.26	0.01	π(phen)+π(C≡CR)
H-7	-7.74	24.77	9.55	24.13	41.55	0.01	d(Re)+π(CO)+π(phen)+π(C≡CR)
H-8	-7.78	8.70	3.20	60.54	25.90	1.66	π(phen)+π(C≡CR)
H-11	-9.16	16.47	10.60	45.76	26.63	0.54	d(Re)+π(CO)+π(phen)+π(C≡CR)

附表 77　配合物 d′4在乙腈溶液中的分子轨道组分

轨道	能量/eV	分子轨道分布/%					主要键型
		Re	CO	phen	C≡CR	COOH	
L+4	-0.82	1.80	2.36	95.31	0.53		π^*(phen)

轨道	能量/eV	分子轨道分布/%					主要键型
		Re	CO	phen	C≡CR	COOH	
L+3	-1.06	12.36	24.06	5.17	53.21	5.20	d(Re)+π*(CO)+π*(C≡CR)
L+2	-2.10	1.01	0.58	98.35	0.06		π*(phen)
L	-2.53	1.04	1.00	0.28	82.72	14.96	π*(C≡CR)+p(COOH)
HOMO-LUMO 能隙=3.40							
H	-5.93	28.99	14.48	2.12	53.86	0.55	d(Re)+π(CO)+π(C≡CR)
H-1	-6.20	39.82	18.95	7.36	33.87		d(Re)+π(CO)+π(C≡CR)
H-3	-7.10	28.21	11.62	10.81	48.38	0.98	d(Re)+π(CO)+π(phen)+π(C≡CR)
H-5	-7.27	2.27	0.75	81.72	15.24	0.02	π(phen)+π(C≡CR)
H-6	-7.71	1.55	0.42	89.20	8.53	0.30	π(phen)
H-9	-8.28	0.57	0.22	0.69	96.79	1.73	π(C≡CR)

附表 78　配合物 d′5在乙腈溶液中的分子轨道组分

轨道	能量/eV	分子轨道分布/%					主要键型
		Re	CO	phen	C≡CR	COOH	
L+11	0.43	7.31	66.55	3.31	16.03	6.80	π*(CO)+π*(C≡CR)
L+7	-0.25	17.20	67.99	5.92	8.82	0.06	d(Re)+π*(CO)+π*(C≡CR)
L+6	-0.34	12.53	39.56	4.55	39.08	4.28	d(Re)+π*(CO)+π*(C≡CR)
L+5	-0.64		0.01		99.57	0.41	π*(C≡CR)
L+3	-1.03	13.01	25.67	5.43	50.55	5.34	d(Re)+π*(CO)+π*(C≡CR)
L+2	-2.10	1.01	0.58	98.36	0.06		π*(phen)
L	-2.55	1.10	1.05	0.29	82.75	14.82	π*(C≡CR)+p(COOH)
HOMO-LUMO 能隙=3.38							
H	-5.93	29.03	14.48	2.12	53.77	0.60	d(Re)+π(CO)+π(C≡CR)
H-1	-6.21	39.86	18.98	7.41	33.75		d(Re)+π(CO)+π(C≡CR)
H-3	-7.11	29.43	12.09	9.89	47.51	1.09	d(Re)+π(CO)+π(phen)+π(C≡CR)
H-5	-7.34	0.04	0.02	0.09	99.67	0.18	π(C≡CR)
H-6	-7.72	1.68	0.45	92.65	4.98	0.24	π(phen)
H-15	-9.45	2.30	1.22	13.71	14.38	68.39	π(phen)+π(C≡CR)+p(COOH)

附表 79　配合物 d'6在乙腈溶液中的分子轨道组分

轨道	能量 /eV	分子轨道分布/%					主要键型
		Re	CO	phen	C≡CR	COOH	
L+11	0.40	9.34	83.38	3.89	3.35	0.04	$d(Re)+\pi^*(CO)$
L+8	-0.25	16.92	67.04	5.77	10.25	0.02	$d(Re)+\pi^*(CO)+\pi^*(C≡CR)$
L+1	-2.70	0.48	0.43	0.12	98.51	0.45	$\pi^*(C≡CR)$
L	-2.80	0.01	0.01		99.32	0.66	$\pi^*(C≡CR)$
HOMO−LUMO 能隙=3.25							
H	-6.05	34.28	16.74	2.68	46.13	0.18	$d(Re)+\pi(CO)+\pi(C≡CR)$
H−1	-6.25	41.45	19.51	7.99	31.05		$d(Re)+\pi(CO)+\pi(C≡CR)$
H−3	-7.27	5.78	2.19	72.52	19.44	0.07	$\pi(phen)+\pi(C≡CR)$
H−7	-7.99	1.47	0.55	1.17	90.11	6.69	$\pi(C≡CR)$

附表 80　分子 7-1, a′3, b′1, b′3, c′1~c′6的主要电荷跃迁特征所对应的跃迁能(E)，吸收波长(λ_{cal})和跃迁振子强度 (f)，以及实验观测到的配合物 7-1 的吸收波长(λ_{exp})

配合物编号	跃迁类型	组态相互作用系数|CI|	E	D	λ_{cal}	λ_{exp}	f	跃迁性质
7-1	H→L	0.68273 (0.93)	2.83	0.95	438	371	1.0213	$M(L_{C≡CR}L_{COOH})CT/L_{CO}$ $(L_{C≡CR}L_{COOH})CT/IL_{C≡CR}CT$
	H−3→L	0.68952 (0.95)	3.96	2.08	313	295	0.2714	$M(L_{C≡CR}L_{COOH})CT/L_{CO}$ $(L_{C≡CR}L_{COOH})CT/IL_{C≡CR}CT$
	H−5→L+2	0.66536 (0.89)	4.92	3.04	252	272	0.0403	$L_{C≡CR}L_{phen}CT$
	H−3→L+3	0.55443 (0.61)	5.43	3.55	228		0.1339	$ML_{phen}CT/L_{CO}L_{phen}CT/$ $L_{C≡CR}L_{phen}CT$
	H−6→L+3	0.38751 (0.30)	6.01	4.13	206		0.1334	$IL_{phen}CT/L_{C≡CR}L_{phen}CT$
a′3	H→L	0.68182 (0.93)	2.76	1.14	449		0.9484	$M(L_{C≡CR}L_{COOH})CT/L_{CO}$ $(L_{C≡CR}L_{COOH})CT/IL_{C≡CR}CT$
	H−3→L	0.45642 (0.42)	3.88	2.26	319		0.2597	$M(L_{C≡CR}L_{COOH})CT/L_{CO}$ $(L_{C≡CR}L_{COOH})CT/L_{phen}$ $(L_{C≡CR}L_{COOH})CT/IL_{C≡CR}CT$
	H−4→L	0.43633 (0.38)						$M(L_{C≡CR}L_{COOH})CT/L_{phen}$ $(L_{C≡CR}L_{COOH})CT/IL_{C≡CR}CT$
	H−4→L+2	0.43469 (0.38)	4.67	3.05	265		0.5250	$ML_{phen}CT/IL_{phen}CT/$ $L_{C≡CR}L_{phen}CT$

配合物编号	跃迁类型	组态相互作用系数|CI|	E	D	λ_{cal}	λ_{exp}	f	跃迁性质
a′3	H-12→L	0.31684 (0.20)	5.99	4.37	207		0.0333	$M(L_{C=CR}L_{COOH})CT/L_{CO}$ $(L_{C=CR}L_{COOH})CT/L_{phen}$ $(L_{C=CR}L_{COOH})CT/IL_{C=CR}CT$
b′1	H→L	0.68575 (0.94)	2.83	0.97	438		1.0260	$M(L_{C=CR}L_{COOH})CT/L_{CO}$ $(L_{C=CR}L_{COOH})CT/IL_{C=CR}CT$
	H-3→L	0.68838 (0.95)	3.94	2.08	314		0.2593	$M(L_{C=CR}L_{COOH})CT/L_{CO}$ $(L_{C=CR}L_{COOH})CT/L_{phen}$ $(L_{C=CR}L_{COOH})CT/IL_{C=CR}CT$
	H-7→L+2	0.42983 (0.37)	4.83	2.97	257		0.0086	$ML_{phen}CT/L_{CO}L_{phen}CT/$ $L_{C=CR}L_{phen}CT/IL_{phen}CT$
	H-2→L+4	0.36065 (0.26)						$M(L_{CO}L_{phen}L_{C=CR})CT/$ $L_{CO}(L_{phen}L_{C=CR})CT/IL_{CO}CT$
	H-4→L+3	0.55708 (0.62)	5.55	3.69	223		0.3085	$IL_{phen}CT/L_{C=CR}L_{phen}CT$
	H-7→L+3	0.32042 (0.21)	5.99	4.13	207		0.0366	$ML_{phen}CT/L_{CO}L_{phen}CT/$ $L_{C=CR}L_{phen}CT/IL_{phen}CT$
b′3	H→L	0.66769 (0.89)	2.83	0.98	438		0.9825	$M(L_{C=CR}L_{COOH})CT/L_{CO}$ $(L_{C=CR}L_{COOH})CT/IL_{C=CR}CT$
	H-4→L	0.68967 (0.95)	3.96	2.11	313		0.2665	$M(L_{C=CR}L_{COOH})CT/L_{CO}$ $(L_{C=CR}L_{COOH})CT/IL_{C=CR}CT$
	H-6→L+2	0.35280 (0.25)	4.93	3.08	252		0.2194	$ML_{phen}CT/IL_{phen}CT/$ $L_{C=CR}L_{phen}CT$
	H-3→L+4	0.48215 (0.46)	5.24	3.39	237		0.0484	$ML_{phen}CT/L_{CO}L_{phen}CT$
	H-3→L+5	0.41713 (0.35)						$M(L_{CO}L_{C=CR})CT/IL_{CO}CT$
	H→L+12	0.34176 (0.23)	5.87	4.02	211		0.0179	$M(L_{CO}L_{phen})CT/L_{C=CR}$ $(L_{CO}L_{phen})CT/I(L_{CO}L_{C=CR})CT$
c′1	H→L	0.67659 (0.92)	2.83	1.04	438		0.9902	$M(L_{C=CR}L_{COOH})CT/L_{CO}$ $(L_{C=CR}L_{COOH})CT/IL_{C=CR}CT$
	H-3→L	0.67291 (0.91)	3.95	2.16	314		0.2078	$M(L_{C=CR}L_{COOH})CT/L_{CO}$ $(L_{C=CR}L_{COOH})CT/IL_{C=CR}CT$
	H-6→L+1	0.41900 (0.35)	4.90	3.11	253		0.3278	$L_{C=CR}L_{phen}CT/IL_{phen}CT$
	H-2→L+4	0.35825 (0.26)						$M(L_{CO}L_{C=CR})CT$
	H-3→L+6	0.48634 (0.47)	6.03	4.24	206		0.0202	$ML_{phen}CT/L_{CO}L_{phen}CT/$ $L_{C=CR}L_{phen}CT$

配合物编号	跃迁类型	组态相互作用系数|CI|	E	D	λ_{cal}	λ_{exp}	f	跃迁性质
c'2	H→L	0.55263 (0.61)	2.64	1.31	469		0.5125	$M(L_{C\equiv CR}L_{COOH})CT/IL_{C\equiv CR}CT$
	H−1→L	0.42974 (0.37)						$L_{C\equiv CR}L_{COOH}CT/IL_{C\equiv CR}CT$
	H→L+4	0.66344 (0.88)	3.72	2.39	333		0.0052	$L_{C\equiv CR}(ML_{CO}L_{phen})CT$
	H−5→L	0.55709 (0.62)	4.48	3.15	277		0.0180	$L_{phen}(L_{C\equiv CR}L_{COOH})CT/$ $IL_{C\equiv CR}CT$
	H−8→L+2	0.43693 (0.38)	4.89	3.56	254		0.0659	$ML_{phen}CT/L_{C\equiv CR}L_{phen}CT/$ $IL_{phen}CT$
	H→L+7	0.33171 (0.22)						$M(L_{CO}L_{C\equiv CR}L_{COOH})CT/$ $L_{C\equiv CR}(L_{CO}L_{COOH})CT$
	H−1→L+10	0.54955 (0.60)	5.84	4.51	212		0.3669	$IL_{C\equiv CR}CT$
c'3	H→L	0.69786 (0.97)	2.64	0.99	469		0.9911	$M(L_{C\equiv CR}L_{COOH})CT/L_{CO}$ $(L_{C\equiv CR}L_{COOH})CT/IL_{C\equiv CR}CT$
	H−4→L	0.69821 (0.97)	3.83	2.18	324		0.1570	$M(L_{C\equiv CR}L_{COOH})CT/L_{CO}$ $(L_{C\equiv CR}L_{COOH})CT/IL_{C\equiv CR}CT$
	H−6→L+2	0.44285 (0.39)	4.86	3.21	255		0.1190	$L_{C\equiv CR}L_{phen}CT/IL_{phen}CT$
	H→L+6	0.41362 (0.34)						$ML_{phen}CT/L_{CO}L_{phen}CT/$ $L_{C\equiv CR}L_{phen}CT$
	H−2→L+4	0.43909 (0.39)	5.36	3.71	232		0.0394	$L_{C\equiv CR}(ML_{CO}L_{phen})CT/$ $IL_{C\equiv CR}CT$
	H→L+9	0.35821 (0.26)						$M(L_{CO}L_{COOH})CT/L_{C\equiv CR}$ $(L_{CO}L_{COOH})CT/I(L_{CO}L_{C\equiv CR})CT$
	H→L+8	0.35306 (0.25)						$M(L_{CO}L_{C\equiv CR})CT/L_{C\equiv CR}$ $L_{CO}CT/I(L_{CO}L_{C\equiv CR})CT$
	H−12→L	0.44874 (0.40)	6.02	4.37	206		0.0356	$L_{COOH}L_{C\equiv CR}CT$
	H−16→L	0.35556 (0.25)						$L_{C\equiv CR}L_{COOH}CT$
c'4	H→L	0.50485 (0.51)	2.76	0.78	449		0.4683	$M(L_{C\equiv CR}L_{COOH})CT/L_{CO}$ $(L_{C\equiv CR}L_{COOH})CT/IL_{C\equiv CR}CT$
	H−1→L	0.47177 (0.45)						$M(L_{C\equiv CR}L_{COOH})CT/L_{CO}$ $(L_{C\equiv CR}L_{COOH})CT/IL_{C\equiv CR}CT$

配合物编号	跃迁类型	组态相互作用系数|CI|	E	D	λ_{cal}	λ_{exp}	f	跃迁性质
c′4	H−3→L	0.69009（0.95）	3.85	1.87	322		0.2334	$M(L_{C=CR}L_{COOH})CT/L_{CO}$ $(L_{C=CR}L_{COOH})CT/L_{phen}$ $(L_{C=CR}L_{COOH})CT/IL_{C=CR}CT$
	H→L+8	0.43415（0.38）	4.86	2.88	255		0.0153	$ML_{C=CR}CT/L_{CO}L_{C=CR}CT/$ $IL_{C=CR}CT$
	H−3→L+6	0.39944（0.32）	5.74	3.76	216		0.0011	$M(L_{CO}L_{C=CR})CT/L_{phen}$ $(L_{CO}L_{C=CR})CT/L_{C=CR}L_{CO}CT$
	H−2→L+9	0.31503（0.20）						$ML_{phen}CT/L_{CO}L_{phen}CT$
c′5	H→L	0.69287（0.96）	2.77	0.76	447		0.9258	$M(L_{C=CR}L_{COOH})CT/L_{CO}$ $(L_{C=CR}L_{COOH})CT/IL_{C=CR}CT$
	H−3→L	0.69161（0.96）	3.87	1.86	320		0.2682	$M(L_{C=CR}L_{COOH})CT/L_{CO}$ $(L_{C=CR}L_{COOH})CT/L_{phen}$ $(L_{C=CR}L_{COOH})CT/IL_{C=CR}CT$
	H−1→L+6	0.37245（0.28）	4.88	2.87	254		0.1104	$M(L_{CO}L_{C=CR})CT/L_{C=CR}L_{CO}CT$
	H−8→L	0.34619（0.24）						$L_{C=CR}L_{COOH}CT/IL_{C=CR}CT$
	H−5→L+4	0.63310（0.80）	5.93	3.92	209		0.0028	$L_{C=CR}L_{phen}CT$
c′6	H→L	0.65952（0.87）	2.64	0.55	469		0.7066	$M(L_{C=CR}L_{COOH})CT/L_{CO}$ $(L_{C=CR}L_{COOH})CT/IL_{C=CR}CT$
	H−2→L+1	0.63220（0.80）	3.80	1.71	326		0.0008	$ML_{C=CR}CT/L_{CO}L_{C=CR}CT$
	H−6→L+3	0.32770（0.21）	4.93	2.84	251		0.0471	$M(L_{phen}L_{C=CR})CT/$ $I(L_{phen}L_{C=CR})CT$

附表81　配合物 a′3(101) 在乙腈溶液中的分子轨道组分

轨道	能量/eV	分子轨道分布/%						主要键型
		Re	CO	phen	C≡CR	COO⁻	TiO_2	
L+7	−2.10	1.10	1.15	4.04	62.92	7.98	22.80	$\pi^*(C≡CR)+p(COO^-)+d(Ti)$
L+6	−2.15	1.66	1.38	60.61	2.34	0.24	33.76	$\pi^*(phen)+d(Ti)$
L+5	−2.24	0.76	0.64	27.28	1.37	0.21	69.74	$\pi^*(phen)+d(Ti)$
L+4	−2.28	0.02	0.02	0.73	0.06	0.15	99.03	$d(Ti)$
L+1	−2.73	0.02	0.02	0.03	1.99	1.84	96.11	$d(Ti)$

轨道	能量 /eV	分子轨道分布/%						主要键型
		Re	CO	phen	C≡CR	COO⁻	TiO₂	
L	-2.78	0.06	0.04	0.03	5.34	5.56	88.96	d(Ti)

HOMO-LUMO 能隙=2.41

轨道	能量 /eV	Re	CO	phen	C≡CR	COO⁻	TiO₂	主要键型
H	-5.19	0.10	0.05	0.03	0.90	0.60	98.33	d(Ti)
H-1	-5.67	22.49	11.36	4.35	59.79	1.04	0.97	d(Re)+π(CO)+π(C≡CR)
H-3	-6.57	34.37	16.57	33.98	14.26	0.46	0.37	d(Re)+π(CO)+π(phen)+π(C≡CR)
H-4	-6.70	44.72	20.11	20.86	13.45	0.50	0.36	d(Re)+π(CO)+π(phen)+π(C≡CR)

附表 82　配合物 b'1(101) 在乙腈溶液中的分子轨道组分

轨道	能量 /eV	分子轨道分布/%						主要键型
		Re	CO	phen	C≡CR	COO⁻	TiO₂	
L+16	-0.81	2.08	3.13	87.28	2.16	0.37	4.98	π*(phen)
L+7	-2.07	0.64	0.59	15.13	33.51	4.15	45.99	π*(phen)+π*(C≡CR)+d(Ti)
L+6	-2.09	0.65	0.67	9.57	32.26	4.08	52.77	π*(phen)+π*(C≡CR)+d(Ti)
L+1	-2.70	0.02	0.02	0.02	2.08	1.84	96.03	d(Ti)
L	-2.76	0.06	0.05	0.03	5.64	5.72	88.50	d(Ti)

HOMO-LUMO 能隙=2.35

轨道	能量 /eV	Re	CO	phen	C≡CR	COO⁻	TiO₂	主要键型
H	-5.11	0.06	0.03	0.02	0.75	0.60	98.55	d(Ti)
H-1	-5.74	19.45	9.83	2.66	66.13	1.14	0.80	d(Re)+π(CO)+π(C≡CR)

附表 83　配合物 b'3(101) 在乙腈溶液中的分子轨道组分

轨道	能量 /eV	分子轨道分布/%						主要键型
		Re	CO	phen	C≡CR	COO⁻	TiO₂	
L+8	-1.99	1.02	0.69	82.14	0.27	0.04	15.84	π*(phen)+d(Ti)
L+7	-2.07	0.38	0.35	10.46	17.46	2.16	69.20	π*(phen)+π*(C≡CR)+d(Ti)
L+6	-2.09	0.78	0.82	2.66	48.51	6.06	41.18	π*(C≡CR)+d(Ti)
L+1	-2.71	0.02	0.02	0.03	2.09	1.83	96.02	d(Ti)
L	-2.76	0.06	0.05	0.03	5.73	5.75	88.39	d(Ti)

轨道	能量 /eV	分子轨道分布/%						主要键型
		Re	CO	phen	C≡CR	COO⁻	TiO₂	
HOMO-LUMO 能隙=2.35								
H	-5.11	0.05	0.03	0.02	0.74	0.60	98.56	d(Ti)
H-1	-5.76	19.19	9.70	3.19	65.98	1.15	0.79	d(Re)+π(CO)+π(C≡CR)
H-3	-6.46	1.76	0.68	92.43	4.73	0.12	0.28	π(phen)

附表 84　配合物 c′1(101)在乙腈溶液中的分子轨道组分

轨道	能量 /eV	分子轨道分布/%						主要键型
		Re	CO	phen	C≡CR	COO⁻	TiO₂	
L+8	-2.00	1.25	1.29	0.76	65.09	5.82	25.79	π*(C≡CR)+d(Ti)
L+7	-2.03	0.04	0.05	0.02	1.99	0.21	97.69	d(Ti)
L+4	-2.26	1.81	1.75	51.72	0.72	0.16	43.84	π*(phen)+d(Ti)
L+3	-2.27	1.35	1.28	41.26	1.27	0.19	54.66	π*(phen)+d(Ti)
L	-2.73	0.06	0.04	0.02	3.92	5.14	90.82	d(Ti)
HOMO-LUMO 能隙=2.33								
H	-5.06	0.02	0.01		0.48	0.69	98.79	d(Ti)
H-1	-5.69	16.55	8.38	2.20	70.72	1.40	0.76	d(Re)+π(CO)+π(C≡CR)
H-4	-6.87	64.43	31.90	2.95	0.63	0.01	0.07	d(Re)+π(CO)

附表 85　配合物 c′3(101)在乙腈溶液中的分子轨道组分

轨道	能量 /eV	分子轨道分布/%						主要键型
		Re	CO	phen	C≡CR	COO⁻	TiO₂	
L+8	-1.96	1.54	1.82	0.69	76.82	4.13	15.00	π*(C≡CR)+d(Ti)
L+4	-2.27	3.05	2.95	92.83	0.70		0.46	π*(phen)
L+2	-2.51	0.08	0.07	0.02	5.42	4.57	89.84	d(Ti)
L	-2.77	0.01	0.01		1.51	4.64	93.82	d(Ti)
HOMO-LUMO 能隙=2.31								
H	-5.08	0.02	0.02		0.34	0.40	99.23	d(Ti)
H-1	-5.56	15.38	8.39	1.31	73.24	0.75	0.94	d(Re)+π(CO)+π(C≡CR)
H-2	-6.19	37.25	17.87	5.30	38.77	0.05	0.75	d(Re)+π(CO)+π(C≡CR)
H-7	-7.49	0.86	0.34	2.13	1.63	0.58	94.47	d(Ti)
H-15	-7.96	1.15	0.47	0.85	5.52	1.62	90.40	d(Ti)